Das Geheimnis der
Winterschläfer

겨울잠을 자는 동물의 세계

겨울잠을 자는 동물의 세계

초판 1쇄 발행일 2019년 1월 22일 **초판 2쇄 발행일** 2022년 4월 29일

지은이 리자 바르네케 | **옮긴이** 이미옥
펴낸이 박재환 | **편집** 유은재 | **마케팅** 박용민 | **관리** 조영란
펴낸곳 에코리브르 | **주소** 서울시 마포구 동교로15길 34 3층(04003) | **전화** 702-2530 | **팩스** 702-2532
이메일 ecolivres@hanmail.net | **블로그** http://blog.naver.com/ecolivres
출판등록 2001년 5월 7일 제201-10-2147호
종이 세종페이퍼 | **인쇄·제본** 상지사 P&B

ISBN 978-89-6263-191-3 03490

책값은 뒤표지에 있습니다. **잘못된 책은 구입한 곳에서 바꿔드립니다.**

겨울잠을 자는 동물의 세계

리자 바르네케 지음 | 이미옥 옮김

에코리브르

딸 마틸다와 배 속에서 자라고 있는 작은 생명체에게 바칩니다.

머리말

마지막 잎이 떨어지면 쾌적하게 몸을 돌돌 말아서 봄에 다시 깨어나는 것. 그것이야말로 우리 중 많은 사람이 꿈꾸는 바다. 이런 꿈보다 더 널리 알려진 것은, 겨울잠을 자는 동물들은 차가운 흙구덩이로 기어들어 가서 그곳에서 6개월을 보낸다는 상상이다. 하지만 '겨울잠'이라는 개념은 오해를 불러일으킬 가능성이 있다. 우선 동물들은 이 기간 동안 결코 잠을 자지 않기 때문이고, 두 번째로 이들 동물은 겨울이 되면 강제로 이렇게 지내야 하는 것이 아닌 까닭이다. 동물들은 외부 자극에 반응할 수 있는데, 다만 더디게 반응할 따름이다. 또한 겨울잠은 2주마다 몸을 덥히는 과정으로 인해 중단된다.

우리 같은 생물학자들은 동물들이 겨울잠을 자게 되는 상태를 일컬어 토르퍼(Torpor: 라틴어로 경직, 마비라는 의미—옮긴이)라고 한다. 유독 포유류와 조류만이 겨울잠을 자며 이를 통해 에너지를 믿을 수 없을 정도인 99퍼센트나 절약할 수 있다. 생명을 유지해주는 기능들, 예를 들어 신진대사·체온·심장 박동은 상당히 억제하고, 겉보기에는 살아 있는 것 같지도 않다. 하지만 이는 지극히 조절을 잘하고 있는 상태로, 동물들은 언제라도 스스로 이런 상태에서 벗어날 수 있다. 이미 오래전부터 과학은 이 겨울잠에 매료되었지만, 아직도 여러 과정이 우리에게 수수께끼로 남아 있다. 즉 동물들은 어떻게 반년이라는 세월 동안 차가운 곳에서 꼼짝하지 않고 보내면서도 손상을 입지 않을까? 이때 그들의 몸에서는 어떤 일이 일어나며 전 세계의 동물들 가운데 어떤 동물이 겨울잠을 잘까? 오로지 에너지를 절약하려고 겨울잠을 자는 것일까?

이 책은 독자 여러분을 4개 대륙에 걸친 연구 여행에 초대할 것이다. 겨울잠을 자는 동물, 그러니까 잘 알려지거나 덜 알려진 동물을 연구하는 여행이다. 즉 함부르크의 고슴도치, 캐나다의 박쥐, 오스트레일리아의 유대류(有袋類: 캥거루·코알라·주머니쥐·주머니고양이와 같은 동물—옮긴이), 마다가스카르의 여우원숭이가 바로 그들이다. 각각의 생활권에 대해 나는 야외에서 관찰한 생물학적 내용을 서술할 것이며, 이는 겨울잠에 대한 새로운 인식을 가져다줄 수 있다. 동물에게서 일어나는 과정은 물론이고 환경이 주는 영향도 조망할 것이다. 동물들의 수면을 시종일관 관찰하게 된다. 즉 1부에서는 겨울잠의 준비와 겨울잠을 자는 첫 몇 달에 대해 서술할 것이다. 2부는 겨울잠을 자는 동안 발생하는 변화 과정에서부터 잠에서 깨어나 활발하게 활동하기 시작할 때까지의 기간에 집중할 것이다.

오늘날 실험실이 아닌 야외에서는 연구가 늘 팀으로 이루어진다. 단기간 야외에서 관찰한 내 이야기에는 수많은 과학적 연구에서부터 겨울잠의 다양한 측면도 함께 담겨 있다. 함부르크(1장과 5장), 캐나다(2장과

6장), 오스트레일리아(3장과 7장)에서는 나 역시 그곳에서 동료들과 함께 서술한 연구 프로젝트를 수행했다. 반면 마다가스카르(4장과 8장)에는 직접 가지 않았지만, 여우원숭이들의 겨울잠은 그야말로 너무 흥미진진하여 이 책에서 뺄 수 없었다. 그리하여 동료가 관찰한 내용을 실었다.

나는 겨울잠이 극단적인 생활권에서 살아남을 수 있는 전략이라는 데 관심을 갖고 있다. 다시 말해, 스트레스를 주는 시기, 즉 100만 명 이상의 인구가 살고 있는 독일의 도시 한가운데에서, 캐나다 대초원의 얼음 사막에서, 오스트레일리아의 해안에서나 마다가스카르의 열대 지역에서 스트레스를 받는 시기에 살아남는 데 겨울잠은 어떤 역할을 할까? 그 밖에도, 예를 들어 다음과 같은 다양한 질문에도 답할 것이다. 동물들은 왜 겨울잠을 자는 동안 잠을 잘 수 없을까? 대도시에 사는 야생동물들은 어떻게 살까? 지금까지 기록된 가장 끔찍한 포유류 사망과 관련해 겨울잠은 어떤 의미가 있는가? 겨울잠을 자는 동물은 왜 2주마다 몸을 덥혀야만 할까? 겨울에 잠을 자는 동물은 그렇지 않은 동물에 비해 왜 더 오래 살까? 겨울잠은 진화와 기후변화와 관련해 어떤 역할을 할까? 어떻게 동물들이 쾌적한 섭씨 30도라는 기온에서 겨울잠을 잘 수 있을까—다른 영장류들은 그렇게 할 수 있는데, 우리 인간은? 겨우내 잠을 자고 싶은 우리의 꿈은 얼마나 실현될 수 있을까?

차례

1부

잠들기

1

레퍼반*의 저편에

대도시 정글의 밤

“도대체 뭘 찾으세요?” 대도시 정글 함부르크에서 한밤중이 막 지날 즈음에 받은 질문이다. 중년 부부가 이렇게 물었을 때, 나는 밝은 할로겐 손전등을 들고 인구가 밀집한 도시 함부르크에 있는 한 공원에서 덤불을 뒤지고 있었다. 사실 이런 질문은 자주 받는다. “야생동물을 연구하고 있고요, 도시라는 생활권에 살고 있는 작은 포유류들이 적응하는 모습을 연구하고 있답니다. 저한테서 배우는 대학생들과 함께 지금 여기에서 작은 위치 탐지기를 이용해 고슴도치를 찾아다니고 있어요.” 그러면 보통 이런 반응을 보인다. “고슴도치라고요? 여기서 말이죠? 그러면

* 함부르크시의 디스코텍이며 술집, 나이트클럽이 즐비한 구역—옮긴이.

이주 오랫동안 찾아야 할 겁니다. 우리는 10년 전부터 밤마다 이곳을 산책했는데, 한 번도 본 적이 없거든요." 놀랍게도 대부분의 도시인은 주변에 살고 있는 야생동물을 거의 인식하지 못한다. 대략 4헥타르에 달하는 이곳 공원 안과 근처에는 적어도 고슴도치가 열 마리는 살고 있지만, 사람들 눈에 띄는 경우는 거의 없다. 우리는 여름에 파티를 하는 청소년 무리 사이를 돌아다니지만 그들 눈에 띄지 않는 고슴도치를 관찰한 적도 있다.

나는 거의 이렇게 대답할 뻔했다. "우리는 두 시간 동안 이미 네 마리나 봤는걸요." 하지만 이렇게 대답하지 않고 프로젝트의 목표를 설명했다. 즉 대도시와 같이 극단적인 생활권에서 많은 야생동물종이 성공적으로 적응할 경우에 겨울잠이 하는 역할을 말이다. 왜냐하면 이웃에 사는 많은 동물이 성공적으로 살아가는 데 반해 어떤 종들은 이곳에서 그렇지 못한 까닭을 여전히 밝히지 못했기 때문이다. 세계적으로 점점 도시화가 확대되는 추세를 감안해 앞으로 종의 구성이 어떻게 될지를 예측하려면, 그 같은 적응에 성공하는 원인을 아는 것이 결정적으로 중요하다. 기본적으로는 한 종이 환경 변화에 얼마나 민감하며 또한 환경에 적응하기 위해 어떤 잠재력을 동원하는지를 이해할 필요가 있다. 나는 특별히 고슴도치의 생태생리학을 연구하고 있다. 이 시점에 이르자 밤에 공원을 산책하던 사람들의 의문이 대체로 해결되었고, 우리는 잘 가라는 인사를 하고서 하던 일을 계속했다. 가벼운 수다는 몇 시간에 걸쳐서 고슴도치를 찾는 도중에 기분전환이 되어주었고, 오늘은 특히 너무나 추웠다.

사무실보다는 달빛이 비치는 공원이 일하는 장소로 더 좋지만, 그럼에도 하루가 길었고 시간이 새벽 2시라 나는 집에 가고 싶었다. 6시가 조금 넘으면 또 새로운 날이 시작되고, 그러면 어린 내 딸은 가장 좋아하는 책을 침대 앞에 세워둔다. 다른 아이들처럼 이 녀석도 아침에 피곤한 부모를 그다지 이해하지 못한다. 하여튼 우리는 고슴도치 찾는 일을 계속했고, 적어도 오늘 위치 탐지기 한 대는 고슴도치에게 부착해야 한다. 벌써 10월 중순이고 도시의 고슴도치들이 겨울잠에 드는 프로젝트를 시작할 시간이 천천히 다가오고 있다.

에너지 절약 모드 가동

"겨울잠에 관해서는 이미 다 알고 있지 않나요?" 이 질문 역시 자주 받는다. 겨울잠에 관한 연구는 사실 새로운 게 아니기는 하다. 이미 150년 전부터 과학은 겨울잠에 매료되었으니까. 예를 들어 최초로 마멋(marmot: 다람쥐과에 속하는 포유동물로 9월부터 이듬해 4월까지 겨울잠을 잔다—옮긴이)을 깊이 연구한 결과가 1938년에 책으로 출간되었다. 그래도 우리는 여전히 이런 의문을 품는다. 도대체 어떻게 해서 동물들은 그렇게 할 수 있을까? 일 년 가운데 절반을, 그러니까 손상을 입지 않은 채 반평생을 차가운 땅에 누워서 보낼 수 있단 말인가? 우리 인간이 만약 3주 동안 깁스를 하고 누워 있으면, 다리 근육은 빠지고 약해진다. 이와 반대로 동물들은 거의 움직이지 않고도 몇 달을 보낼 수 있다. 그런 뒤에 동물

진정한 의미에서 대도시인: 유럽고슴도치는 함부르크의 한가운데서 어떻게 겨울잠을 잘까?

들은 그냥 자리에서 일어나, 마치 아무 일도 없었다는 듯 달린다. 또 이렇듯 몇 달 동안 차가운 상태로 있더라도 기억력은 대체로 손상을 입지 않는다. 물론 종에 따라서 차이는 있어 보인다.

미리 밝혀두자면, '겨울잠'이라는 개념은 오해를 불러일으킬 소지가 있다. 무엇보다 동물들은 이 기간 동안 잠을 자지 않으며, 또한 겨울에 반드시 누워 지내야 하는 것도 아니다. 생물학자들은 동물들이 겨울잠에 드는 상황을 토르퍼라고 부른다. 토르퍼는 생명을 유지해주는 기능들, 이를테면 신진대사·체온·심장 박동을 잘 통제하여 줄이는 것이다. 오로지 조류와 포유류만이 겨울잠에 든다. 파충류와 양서류 혹은 곤충도 흔히 겨울잠을 잘 수 있다고 말을 해서 일반 사람들을 혼란에 빠뜨리는데, 이는 생리학적으로 완전히 다른 과정이다. 이온성(heterothermy)

은 겨울잠을 잘 수 있는 능력을 가리킨다. 조류와 포유류는 겨울잠을 잘 수 있는 종〔이온성 동물(heterotherm)〕과 그런 능력이 없는 종〔항온성 동물(homeotherm)〕으로 나뉜다. 겨울잠을 자는 동물은 자는 동안 움직이지 않으며, 보통의 체온이면 정상 체온 동물〔normotherm(혹은 eutherm)〕이라고 일컫는다.

겨울잠을 자는 동물들의 결정적인 특징은, 동물 스스로 이런 상태를 통제한다는 점이다. 예를 들어 고슴도치는 자신의 힘으로 겨울잠의 상태에 들어가고, 이런 상태에서 빠져나올 때 역시 주변의 온도에 개의치 않고 자신의 힘으로 그렇게 한다. 뱀은 이렇게 하지 못한다. 뱀은 주변의 기온이 너무 낮아서 움직일 수 없다. 겨울잠을 오랜 기간 연구하고 여기에 매료되었지만 겨울잠을 자는 동물들의 에너지 절약 모드에 대한 우리의 지식은 여전히 허점이 많다. 이를테면 동물들은 정확하게 어떻게 해서 이와 같은 생리학적인 일을 완성할 수 있으며, 왜 많은 종은 겨울잠을 자는데 다른 종은 그러지 못한지, 어떤 외적 요소들이 중요하며 이를 통해 어떤 장단점이 발생하는지 같은 점이다.

겨울잠을 자는 대부분의 동물이 야생에서 겨울잠을 잘 때 어떤 생리적 변화가 일어나는지를 기록한 자료는 거의 없다. 20년 전에야 비로소 야생에서 사는 동물들이 관심의 대상으로 등장했는데, 그 전에 우리는 지식을 주로 실험실에서 얻었다. 새로운 기술 덕분에, 야생동물들의 생리학적 특징들, 예를 들어 체온·에너지 신진대사·심장 박동·호르몬 수치·면역력을 조사할 수 있다. 살아남는 문제가 대두되면, 에너지를 충분히 공급하는 일이 무척이나 중요해진다. 먹이를 충분히 발견하는 자들만이 후손을 낳을 수 있고 이로써 자신의 유전자를 확보할 수 있다. 달리 표현하면, 때때로 먹이 없이도 버틸 수 있을 만큼 에너지에 대한 수요를 억누를 수 있는 동물들이다. 진부하게 들릴지 모르는 이와 같은 핵심적인 생각이야말로 겨울잠의 근거가 된다. 실제로 동물들이 가끔 에너지에 대한 수요를 줄이고자 개발한 전략들이 살아남는 데 매우 중요한 역할을 한다. 가끔 더 적은 먹이와 물로 버티기 위해 포유류와 조류가 사용할 수 있는 모든 가능성 가운데 겨울잠은 단연코 최고다. 물론 겨울에 적게 돌아다니고 이를 통해 더 적은 칼로리를 소비할 수도 있다. 그러나 이렇게 해서 절약한 에너지는 겨울잠으로 인해 절약할 수 있는 에너지와 비교하면 그야말로 소량에 불과하다.

겨울잠을 잘 때 생명을 유지해주는 기능을 저하시킴으로써 동물은 99퍼센트 혹은 그 이상의 에너지를 절약한다. 믿을 수 없다고? 주변의 기온이 섭씨 5도인 공간에 있는 고슴도치 한 마리를 상상해보자. 이 고슴도치의 정상 체온은 섭씨 35도이고, 그러면 분당 산소 18밀리리터를 소비한다. 이와 반대로 고슴도치가 겨울잠의 상태에 있으면, 산소 소비량은 0.08밀리리터까지 낮아진다. 따라서 겨울잠의 상태에 돌입하면 정상적인 상태에 비해 단지 0.5퍼센트의 에너지만 소비해도 된다는 뜻이다. 그런데 여기서 에너지 소비의 단위를 왜 산소 소비량으로 계산하며, 이런 측정은 정확하게 어떻게 이루어지는지에 관해서는 나중에 언급하겠다. 우선 고슴도치 사냥을 떠나자.

가시가 많은 일

이날 밤 고슴도치 탐색 작업을 도와준 여대생 두 명은 내 고슴도치 프로젝트를 주제로 생태학 석사논문을 쓰고 있다. 그들의 도움은 내게 정말 소중한데, 고슴도치를 찾으려면 빨리 움직여야 할뿐더러 밤에 공원에서 이런 일을 함께할 사람이 있다는 것은 무척이나 환영할 만하기 때문이다. 우리는 항상 부르면 대답할 수 있는 거리를 유지한다. 사실 안전이 중요하니까 말이다. "한 마리 찾았어요!" 철쭉 덤불 뒤에서 귓속말보다는 약간 큰 소리가 들려왔다. 나는 급히 장갑을 끼고 밝은 빛으로 쓸데없이 고슴도치를 놀라게 하지 않으려고 헤드램프를 붉은색 필터로 바꾸었다. 그러고는 덤불 아래에 앉아 있는 고슴도치에게 다가가 무릎을 꿇은 자세를 취했다. 녀석을 천으로 된 주머니에 넣으려고 손으로 잡자, 동그랗게 몸을 말았다.

그 어떤 동물도 고슴도치처럼 몸을 돌돌 말지는 못한다. 짧은코가시두더지(*Tachyglossus aculeatus*), 아르마딜로(Armadillo: 거북의 등딱지와 비슷한 띠 모양의 딱지가 등 쪽의 거의 전부를 뒤덮고 있다—옮긴이)와 다른 동물들도 위험에 처하면 몸을 돌돌 말기는 하지만, 고슴도치처럼 효율적이고 오랫동안 잘하는 포유동물은 없다. 가시와 접해 있는 특수 근육을 체육 시간에 물건을 넣어 다니는 보조가방처럼 동그란 모양으로 모으는데, 얼굴과 다리, 꼬리를 완벽하게 집어넣는다. 하지만 이렇게 완전히 집어넣을 경우는 지극히 위험한 때다. 지금과 같은 경우를 포함하여 대부분의 경우에는 얼굴과 꼬리만 보호하려는 차원에서 집어넣고 발은 동그란 가시

밖에 나와 있다. 나는 고슴도치가 돌돌 만 몸을 풀게 하려고 속임수를 썼다. 몸이 다시 원상태로 돌아와야 고슴도치의 건강 상태를 살피고 성별도 확인할 수 있는 까닭이다. 고슴도치의 앞발과 뒷발을 각각 양손으로 잡아서 아랫배를 살펴보려고 조심스럽게 움직였다.

예상했던 대로 녀석은 암컷이다. 이 시기에는 수컷에 비해 확실히 덩치가 큰 암컷을 잡을 기회가 더 많다. 많은 수컷이 이미 겨울잠에 들어갔다. 하지만 암컷은 임신과 육아를 혼자서 도맡아 하므로 여름 내내 할 일이 많고, 그래서 10월 초가 되어도 먹이를 충분히 먹어 비축하지 못한 상태다. 짝짓기는 6월과 8월 사이에 이루어지고, 한 달 남짓 기간 동안 임신을 해서 2~6마리의 새끼를 낳아 6주 동안 젖을 물린다. 암컷이 이렇듯 분주하게 3개월의 시간을 보내는 동안, 수컷은 겨울잠을 준비하기 시작한다.

우리 동네에 사는 이 고슴도치의 학명은 에리나세우스 에우로파에우스(*Erinaceus europaeus*)다. 동물세계에서 모든 종은 두 단어로 된 이름을 갖는다. 앞의 이름은 밀접하게 인척관계에 속하는 다양한 종을 가리키며, 뒤의 이름은 종에 따라 특별하게 붙여준다. 우리가 사용하는 성과 이름과 약간 비슷한 점이 있는데, 이름의 뒷부분은 흔히 그 동물에 대해 서술하며, 외양이나 혹은 이 종의 분포에 대해 언급해준다. 스웨덴의 자연연구가 칼 폰 린네(Carl von Linné)가 이와 같은 체계를 18세기 중반에 개발했다. 이때부터 전문어인 학명을 전 세계에 있는 모든 동물과 식물의 이름을 붙일 때 사용한다. 일상 언어로 표현하면 이 종은 유럽고슴도치 혹은 갈색가슴고슴도치 또는 서유럽고슴도치라고 부르는데, 이런 방식의 진부한 이름은 흔히 지역적인 차이로 인해 혼란을 준다. 이 종은 에스파냐 남부에서부터 노르웨이까지 그리고 러시아 깊숙한 곳까지 넓게 분포한다. 동부 유럽에서는 북방흰가슴고슴도치(*Erinaceus roumanicus*)가 합류하고, 아시아에서는 이 종의 세 번째 대표자인 남부흰가슴고슴도치(*Erinaceus concolor*)를 발견할 수 있다.

독일에 사는 고슴도치는 생활권이 지극히 넓어서 학계의 관심이 되고 있다. 유럽고슴도치는 포르투갈의 더위에도 잘 견디는 것처럼 스칸디나비아의 혹독한 겨울에도 잘 살아간다. 이들이 사는 생활권은 농촌의 울타리에서부터 골프장, 그리고 인구가 밀집한 대도시까지 이른다. 고슴도치는 가히 적응의 달인이라 할 수 있다.

나는 암컷 고슴도치를 천으로 된 주머니에 넣어서 조심스럽게 용수철저울에 달아보았다. 1000그램 이상이 나갔다. 다 자란 고슴도치로 이 정도의 무게는 좋다. 고슴도치는 체중을 올리는 데 있어 그야말로 대가라 할 수 있다. 즉 태어나서 6주 동안 녀석들은 20그램에서 250그램으로 늘어난다. 일 년이 되면 대부분은 대략 500그램에 달하고, 겨울잠에 들어가기 전에는 두 배로 올릴 수 있다! 고슴도치는 성장하면 길이가 25센티미터 정도가 되고, 여기에 2센티미터짜리 꼬리가 달려 있는데 배와 마찬가지로 가시는 없다. 가시 옷을 입고 있는 늘어진 피부가 다리의 대부분을 덮고 있어서, 정작 10센티미터나 되는 고슴도치의 다리를 보면 사람들은 흔히 놀라고는 한다. 무엇보다 고슴도치가 아스팔트와 같은 딱딱한 바닥을 지나갈 때, 길게 뻗은 다리를 잘 관찰할 수 있다.

이 동물은 건강 상태도 양호하므로 이제 헤어스타일을 바꿔야 할 때가 되었다. 나는 덤불 사이에 책상다리 자세를 하고 앉아서 고슴도치를 넣어둔 주머니 위로 몸을 기울였다. 고슴도치의 등 쪽으로 조심스럽게 주머니를 열어보았다. 그러고는 등에 나 있는 베이지색과 갈색의 가시를 자르기 시작했다. 이 가시는 우리의 머리카락처럼 케라틴으로 이루어져 있다. 텅 비어 있고 감각이 없는 가시를, 고슴도치에게 아무런 손상을 입히지 않고 정교한 도구로 잘라낼 수 있다. 하지만 가로세로로 빽빽하게 들어찬 가시를 잘라주는 일이 간단치만은 않다. 가시 하나마다 자체적인 근육이 있고 그리하여 지극히 조금만 움직여도 고슴도치의 등에 난리가 날 수 있기에 말이다.

갓 태어난 고슴도치는 가시도 적고 흰색으로 부드럽다. 태어날 때 어미의 몸을 다치게 하면 안 되기에 그러하다. 그러다가 가시는 신속하게 자라나고, 다 큰 고슴도치는 7500개가 되는 가시로 덮여 있을 수도 있다! 나는 프로젝트를 위해 가시를 몇 개 잘랐으나, 일 년 후면 이 가시들은 정상적인 길이, 그러니까 대략 3센티미터로 자라나 있을 것이다. 가시의 일부를 자르자마자, 우리는 이날 저녁에 가장 중요한 일을 하게 되었다. 즉 이 동물을 추적하는 데 사용할 송신기를 부착하는 일이다.

위치 추적 송신장치

우리는 가시를 잘라낸 부분에 의학적으로 제작한 특수 풀을 붙였고, 여기에 송신기를 부착한 다음 10여 분 동안 풀이 마르기를 기다렸다. 송신장치는 신호를 내보내고, 특수한 수신기를 통해 라디오처럼 그 신호를 들을 수 있다. 송신기는 대부분 동물들의 둥지를 탐지하거나 이들이 밤중에 돌아다니는 동선을 추적하기 위해 사용한다. 하지만 우리는 동물의 추적뿐 아니라, 멀리서도 피부 온도를 알 수 있는 특별한 송신기를 투입했다. 멀리서도 동물의 체온을 확인할 수 있으면 동물의 스트레스를 줄여주고 이로써 이 동물에 관한 데이터의 질을 향상시킬 수 있다. 기온에 민감하면서도 동물에게 직접 장착할 수 있을 정도로 작은 송신기를 개발함으로써 겨울잠 연구가 가속화했다. 연달아 보내지는 두 가지 신호의 시간상 차이가 바로 온도를 알게 해준다. 송신기 외에도 흔히 데이터 이력 기록장치(Data logger)를 사용한다. 두 가지는 나름 장점과 단점이 있다. 송신기는 그때그때 데이터를 수집할 수 있게 해주지만, 데이터를 저장할 수 있는 만큼만 수신자에게 보내진다. 이와 반대로 데이터 이력 기록장치는 스스로 데이터를 수집하고 저장하지만, 이 데이터를 읽으려면 장치를 동물의 몸에서 떼어내야 해서 여건상 힘든 경우가 많다.

송신기는 동물의 종에 따라서 목걸이 형태로 달아놓든가 아니면 특수 접착제로 피부에 부착한다. 송신기를 동물의 몸에 이식하는 일도 흔히 있는데, 주변 기온에 영향을 받지 않고 몸 안의 체온을 측정하고 싶을 때다. 우리의 경우에는 몸 밖에 송신기를 다는 것이 최선의 방법으로, 빨리 부착할 수 있다는 장점과 함께, 외부에 달려 있는 안테나는 거리가 멀리 떨어져 있어도 수신이 가능한 까닭이다. 그리고 동물에게 해를 입히지 않으며, 겨울잠을 자는 패턴도 정확하게 측정할 수 있어서

다. 핵소체(세포핵 내부에 있는 또 다른 소기관) 온도의 아주 작은 변화까지도 관심이 있다면, 그러니까 다양한 실험적 시도를 하고 이때 소모되는 에너지의 양을 정확하게 계산하기 위해서는, 송신기를 몸에 이식하는 편이 낫다. 또한 동물의 몸 구조나 생활방식에 따라서 외부형 송신기가 적절하지 않을 수 있다. 예를 들어 오스트레일리아 퍼스(Perth)에서 오스트레일리아 남부갈색반디쿠트(*Isoodon obesulus*)에 대해 조사를 한 적이 있다. 이 녀석은 몸이 너무 동글동글하고 잘 움직이는 바람에, 몸의 외부에 달아둔 송신기가 제대로 붙어 있지를 않았다. 박사논문을 쓸 때는 오스트레일리아에 거주하는 길레스플라니갈레(*Planigale gilesi*: 오스트레일리아와 뉴기니에서 발견되는 작은 육식성 유대류의 총칭—옮긴이)와 살찐꼬리두나트(*Sminthopsis crassicaudata*: 폭이 좁은 발과 모피털을 가진 생쥐 크기의 두나트속 유대류의 총칭—옮긴이)를 조사했다. 아주 좁고 깊은 땅굴에 사는 까닭에 이 경우에도 동물의 외부에 송신기를 장착할 수가 없었다. 대신에 나는 아주 작은 내부 장치를 사용했는데, 이 장치는 20미터 이상 떨어지면 수신이 안 되었다. 이렇듯 매번 프로젝트에 따라서 그리고 어떤 문제를 해결하고 싶은지에 따라서 최선의 방법을 선택해야 한다. 동물에게는 최소한의 손상을 주고 동시에 데이터의 질은 최적화하기 위해 말이다.

연기로 유인하여

고슴도치는 야생동물 가운데 트렌드를 따르는 동물이다. 바로 농촌 이

탈이다. 2011년에 프랑스에서 실시한 연구에 따르면, 도시에 사는 고슴도치의 수가 농촌에 사는 고슴도치의 수보다 아홉 배나 많다고 한다. 영국과 네덜란드에서도 그와 같은 사실을 증명하는 학계의 보고가 있었다. 독일의 경우에 산림 공무원, 농부와 자연보호 단체 들과 얘기를 해보면 그와 같은 현상이 확인되지만, 아직까지 객관적인 자료가 없을 따름이다. 따라서 고슴도치의 이동은 통제할 수 없다.

도시를 좋아하는 성향은 굳이 고슴도치에게만 해당하지 않는다. 함부르크에는 50종의 토박이 포유류가 분주하게 돌아다니고 있으며, 이 가운데 바위담비와 유럽소나무담비, 긴털족제비, 북방족제비, 유럽겨울잠쥐, 오소리, 노루, 여우와 15종의 박쥐가 있다. 지난 수십 년 사이에 수달과 비버도 합류했다! 언급한 토박이 동물 속에 다섯 종이 슬쩍 묻어 들어왔는데, 이들은 외래종으로 아메리카너구리, 사향쥐와 너구리다. 농촌이 야생동물의 이탈로 힘겨워하는 사이, 대도시에서는 점점 더 많은 동물이 쾌적하게 살아가고 있다. 하지만 도시에 사는 동물이 정말 잘 지내는 것일까? 아니면, 원래 그들이 살던 곳에서는 점점 살기가 힘들어서 어쩔 수 없이 사람들 곁에서 사는 것일까?

농지 사용의 변경이나 단작, 수확 시기의 연기, 살충제의 과다한 투입, 그리고 울타리나 녹색 풀밭의 소실은 많은 야생동물에게 영향을 주었다. 몇 년 전부터 독일과 유럽에 사는 새들의 수도 극적으로 줄어들고 있으며, 무엇보다 농촌 지역에서 그러하다. 유럽햄스터(*Cricetus cricetus*)는 인상적인 일례다. 50년 동안 유럽햄스터는 농촌의 골칫거리에서 멸종 위기에 처한 종으로 변했다. 독일의 서부에 있는 노르트라인베스트팔렌(Nordrhein-Westfalen)주와 벨기에와 네덜란드에서는 유럽햄스터의 개체 수가 99퍼센트나 줄어들었다. 여기서 끝나지 않고, 살아 있는 동물들에게서도 유전적인 다양성이 많이 줄어들고 있다. 이것은 종을 유지하는 데 부정적인 영향을 미친다. 하지만 빈(Wien)이라는 도시에서는 많은 개체가 살고 있는데, 카리스마 있는 이 설치류의 미래가 바로 이런 모습일까?

새에 관한 책은 야생동물이 대도시에서 어떻게 적응하는지를 상세하게 소개한다. 대표적인 본보기로 박새(*Parus major*)를 꼽을 수 있는데, 도시에 사는 박새는 농촌에 사는 박새에 비해 좀더 짤막하면서도 빨리 노래를 한다. 유럽울새(*Erithacus rubecula*)는 도시에서 원래 노래를 부르는 시간이 아니라 출퇴근 시의 교통 혼잡을 피할 수 있는 시간대로 연기해 노래를 부른다. 또한 도시에 사는 대륙검은지빠귀(*Turdus merula*)는 반대로 노래의 주파수를 3500헤르츠로 높였다. 1000~3000헤르츠에 달하는 자동차 소음에 밀리지 않으려고 말이다. 나이팅게일(*Luscinia megarhynchosi*)은 조용한 곳에서보다 시끄러운 곳에서는 14데시벨 더 크게 노래한다. 이렇게 하려면 나이팅게일은 평소에 비해 음압을 다섯 배나 높여야 한다. 새들이 대도시에서 얼마나 잘 적응하는지를 볼 수 있는 매혹적인 본보기는 멕시코에서 들려왔다. 이곳에 사는 집참새(*Passer domesticus*)는 버려진 담배꽁초를 가지고 둥지를 짓는다고 한다! 곤충을 막기 위해 말이다. 원래 새들은 둥지를 짓기 위해 강력한 피토케미컬(phytochemical: 식물에서 만들어지는 모든 화학물질—옮긴이) 성분을 지닌 식물을 이용하지만, 대도시에서는 발견할 수가 없다. 그리하여 새들은 전해

내려오는 효과를 내기 위해 새로운 방법을 선택했던 것이다. (그렇다고 담배꽁초를 던지라고 추천하는 게 절대 아님!) 동물들은 도시라는 생활권에 살면서 달라진 자원과 직면하게 되고, 이런 변화에 유연하게 반응하는 종만이 장기적으로 도시에서 잘 대처하면서 살 수 있다.

우중충한 공원에서 우리는 마지막으로 체크를 했다. 즉 송신기가 등에 단단히 붙어 있었기에 고슴도치를 풀어주었다. 우리는 앞으로 몇 달 동안 수신기와 안테나를 이용해 매일 이 공원에 있는 고슴도치 네 마리를 찾아오게 될 것이다. 앞으로 다가올 겨울잠 시즌 동안 머물게 될 장소와 피부의 온도를 추적하기 위해 말이다. 자주 볼 수 있고 아주 넓게 분포해 있음에도 독일에 사는 고슴도치에 관한 그와 같은 자료들이 아직 발표되지 않았다는 사실이 믿을 수 없을 따름이다. 대부분의 고슴도치 연구는 서식지(habitat) 이용, 세포 과정과 기생충 혹은 실험실에서 겨울잠을 자는 고슴도치에 관한 것이다. 생리학적 연구는 대부분 고슴도치가 고충거리가 된 국가들, 이를테면 뉴질랜드와 스코틀랜드에서 나오고 있다. 유감스럽지만 동물은 문제로 등장해야 연구한다는 말이다. 즉 멸종 위기에 처했거나 그렇지 않으면 너무 많아져서 자료를 수집하게 된다. 대부분 이렇게 해서 수집한 자료는 이미 원래 그 동물이 환경과 상호작용을 하면서 살아가던 상태와는 차이가 난다. 따라서 수집한 자료를 다른 시스템에 적용하는 것은 제한적으로만 가능하다. 다가오는 겨울, 도시에서 사는 고슴도치에게서 무엇을 배울 수 있을지 생각하자 흥분이 되고, 자전거에 올라타 힘차게 페달을 밟게 된다. 자전거도 나에게는 사치스러울 수 있다. 집에서 고작 15분 떨어진 야외에서 야생동물을 연구하니 말이다. 게다가 이 동물은 나를 깨물지도 않고, 나를 보고 도망치지도 않으며, 심지어 겨울잠까지 자다니. 이보다 더 좋을 수는 없다!

숨은 조력자

그로부터 채 여덟 시간도 지나지 않아서 나는 다시 현장에 왔다. 이번에는 자동차를 운전해 왔는데, 장비가 많아서 어쩔 수 없었다. 일기예보에 따르면 곧 겨울이 닥칠 것이라고 해서, 가능하면 빨리 자료를 수집해야 했다. 직접 손으로 자료를 수집하는 것 외에도 나는 부수적으로 자료를 자동으로 수집하는 자그마한 측정소를 설치해두고 싶었다. 그 전에 우선 장비를 자동차에 싣고 와서 접이식 안테나와 작은 수신기로 고슴도치를 찾아야 한다. 우선 입지를 결정한 뒤에, 측정소를 두기에 적당한 자리를 골라야 한다.

수신기를 켜고 최초의 발신에서 나온 주파수를 입력했다. 15만 742메가헤르츠. 이 방식은 라디오 추적이라고 부른다. 야생동물을 연구하는 생물학자들 사이에서는 비교적 널리 알려진 방식이다. 삐, 삐. 크고 분명하게 들리는 신호는, 암컷 고슴도치가 어젯밤부터 멀리 돌아다니지 않았다고 말해준다. 실제로 나는 암컷 고슴도치를 50미터도 떨어지지 않은 덤불에서 발견했다. 행운이었다. 이 녀석은 호기심 많은 개들로부터 자신을 보호하려고 빽빽한 덤불 아래, 그러니까 공원의 가장자리에

둥지를 마련해두었다. 나는 재빨리 측정을 했는데, 이 녀석은 기대했던 대로 체온이 따뜻했다. 다른 고슴도치 세 마리는 공원 앞마당에서 발견했다.

이것은 함부르크에 살고 있는 고슴도치들에게서 볼 수 있는 트렌드다. 다시 말해, 이들은 가정집 정원에 보금자리를 마련하는 것을 제일 좋아한다는 뜻이다. 따라서 정원을 소유한 주인들은 고슴도치와 같은 야생동물에게 보금자리를 제공해야 할 막대한 책임이 있다. 이 말은 또한, 정원을 자연에 가깝게 조성해야 한다고 설명하는 일은 야생동물이 살아남는 데 직접적으로 영향을 줄 수 있다는 의미다. 낙엽 한 무더기를 치우지 않고 정원의 한 구석에 내버려두더라도, 이 낙엽이 기적을 일으킬 수 있다는 말이다! 하지만 정원만으로는 충분하지 않다. 도시 고슴도치는 활동하는 시간의 대부분을 공원에서 보내며, 이곳에서 이들은 먹이와 짝을 찾는다. 도시 고슴도치에게 유리한 환경은 자연 상태에 가까운 정원과 공원이며, 이런 곳에 있는 빽빽한 덤불이 야생동물에게 숨을 곳을 제공한다.

우리 같은 연구가들에게 개인 소유의 정원은 당연히 좋지 않은데, 동물의 보금자리에 다가가지 못하기 때문이다. 오늘 내가 겪었듯이 말이다. 나는 정원의 울타리에서 송신되는 방향을 분명히 잡을 수 있었지만, 고슴도치가 있을 위치를 대충 확인하는 것으로 만족해야 했다. 모든 고슴도치의 위치를 확정한 뒤에, 측정소를 세웠다. 이곳에는 자료 저장장비, 안테나 두 개와 자동차 배터리가 있다.

우선 이 측정장치들을 잘 숨겨야 한다. 나는 뭐가 좋을지 주변을 탐색

했다. 빽빽한 철쭉 덤불이 숨기기에 적합했다. 배낭에서 작고 방수가 되는 슈트케이스를 꺼내서 열었다. 이 안에는 데이터 이력 기록장치, 개별 고습도치로부터 발신되는 주파수를 자동으로 찾아내는 저장장치가 있었다. 나는 이 장치를 자동차 배터리와 묶고, 10분마다 측정할 수 있도록 프로그래밍을 했다. 수신기가 작동하기 시작했다. 신호를 받는 데 반드시 필요한 안테나들을 가능하면 나무 높은 곳에 두고 싶었다. 나무는 지난밤에 습기를 먹어서 그런지 축축했고, 그래서 나무에 올라가는 일이 상당히 힘들었다. 나는 점점 인내심을 잃어가고 있었다. 두 시간 뒤에는 딸아이를 유아원에서 데려와야 하지만 측정 장비를 설치하는 일에는 진전이 없었다. 어느새 오전이 되었고 공원은 조금 더 편안하게 빛을 발하기 시작했다. 피곤해 보이는 부모들이 밀고 가는 유모차의 행렬이 끝없이 길었고, 잔디 위에서 한 사람씩 요가를 연습했다. 퇴직하고 연금으로 사는 사람들은 견과류를 들고 와서 다람쥐에게 먹이로 주었고 몇몇 사람은 공원의 어두운 구석에서 지난밤의 열기를 식히느라 쉬고 있었다. 실제로 빽빽한 덤불을 밟을 때는 주의해야 하는데, 흔히 이곳에 텐트나 슬리핑백이 있을 수 있기 때문이다. 나도 두 번이나 밟을 뻔했지만 다행히 그러지 않았고, 내 측정장치를 자신들의 정원에 설치해주겠다는 협조적인 주민도 만날 수 있었다. 나는 이곳 공원에서, 다가올 겨울잠 시즌에 데이터 수집 장치가 가능하면 방해받지 않고 잘 작동하고 그리하여 장치도 손상을 입지 않기를 바랄 뿐이다. 행인들이 이 장치를 발견하지 못하도록, 가능하면 눈에 띄지 않는 곳을 찾아야 했다. 이렇게 하여 나는 안테나를 세웠고, 다시 한번 수신기가 작동하는지 확인했다.

수신기가 데이터를 받기 시작했다.

토르퍼와 도시

2주 뒤, 동일한 장소. 늘 그렇듯 고슴도치를 확인하기 위해 장비를 꾸렸다. 하지만 내가 최초의 주파수를 입력했을 때 아무 소리도 들리지 않았다. 암컷 고슴도치의 신호가 잡히지 않았다. 공원을 한 바퀴 돌았지만 아무 소용이 없었다. 마침내 공원 입구에서 아주 약한 신호를 알아차릴 수 있었다. 신호를 따라 인근 도로에 이르렀다. 자동차 사이를 뚫고 4차선 도로를 건너 맞은편으로 갔다. 믿을 수 없지만 좁은 갓길 위에 규모는 작지만 덤불이 수북하게 자란 곳이 있었다. 이곳에 이르자 신호는 크고 분명하게 울려왔다. 암컷 고슴도치가 이곳, 그러니까 차량이 많이 지나다니는 시끄러운 도로에서 몇 미터 떨어지지 않은 곳에 겨울잠을 잘 집을 마련했다고? 여름 내내 녹색의 공원과 아름다운 개인 정원에서 보낸 뒤에 말이다. 나는 재빨리 측정을 해보았고, 그러자 암컷 고슴도치는 여전히 따뜻한 온도를 유지하고 있었다. 데이터를 조금 더 확실하게 얻기 위해 두 번째 측정소를 구축했다. 이 일을 끝내고 나서 다시 측정을 해보고 나는 의아했다. 왜냐하면 측정의 결과는 처음에 한 결과와는 차이가 났기 때문이다. 피부의 온도는 이제 한 시간 전에 측정했을 때보다 2도가량 낮았다. 암컷 고슴도치는 겨울잠을 막 시작한 게 분명했다. 겨울잠 시즌이 시작된 것이다!

시끄러운 자동차 소음이 들리는 곳에 마련한 겨울잠 자리: 유럽고슴도치가 겨울잠을 자려고 선택한 보금자리는 그다지 목가적이지 않을뿐더러 소음에 시달릴 수도 있는 장소다. 여기 차량 운행이 많은 함부르크 엘프쇼세가(街) 바로 아래에 위치한 자그마한 덤불(오른쪽)처럼 말이다.

겨울잠을 시작하는 국면은 중뇌에 위치한 아주 작은 뇌 영역인 시상하부에 명령을 내리는 것으로 시작하는데, 이 영역에서 시신경을 관장한다. 시상하부에서는 생명을 유지하는 데 중요한 호르몬을 많이 만들어내고 겨울잠을 관할하기도 한다. 겨울잠을 개시한다는 사실을 알리기 위해, 동물들은 체온을 낮춘다. 우리의 고슴도치도 역시 약간 따뜻한 섭씨 35도에서 원하는 체온으로 낮추는데, 주변의 온도와 같아질 때까지 서서히 체온이 내려가는 것이다. 약간 따뜻한 체온을 유지하기 위해 필요한 온기를 체내에서 생산하지 않으면, 신진대사가 급격하게 떨어진다. 이렇게 함으로써 동물들은 서서히 체온이 내려가다가 마침내 완전히 차가워지고 심장 박동이나 호흡 횟수와 같은 모든 생명과정을 줄이게 된다. 이렇게 체온을 낮추는 것에 덧붙여 겨울잠 동물들은 대사저하(metabolic inhibition)라는 과정을 통해 신진대사를 억제할 수 있다.

겨울잠 상태에서 체온이 떨어지지만 체온은 결코 최하수치, 그러니까 동물이 견딜 수 있는 한계수치 이하로 떨어지지는 않는다. 이런 수치는 종마다 차이가 나며 대부분의 겨울잠 동물의 경우에는 대략 섭씨 5도 정도다. 지금까지 알려진 바에 따르면 작은 포유류 두 마리는 0도 이하까지 체온이 내려간다고 한다. 바로 북극땅다람쥐(*Urocitellus parryii*)와 유럽겨울잠쥐(*Muscardinus avellanarius*)다. 고슴도치의 경우 견딜 수 있는 최저 온도는 섭씨 4도다. 원칙적으로 이 온도는 집에서 난방을 해야 하는 온도와 비슷하다. 즉 체온이 최저수치 이하가 되면, 발열체가 동원되어 온도가 올라가고, 체온이 최저수치를 넘어가면, 발열체는 작동이 중단되고, 그리하여 에너지를 절약하고 동물이 머무는 공간도 식는다. 반드시 유지해야 하는 온도를 높일 때도 있다. 이런 상태는 열이 나는 경우로 알려져 있고, 이때는 숨어 들어온 병원체를 열기로 쫓아내는 중이다. 이런 원칙에 따라서 동물은 자신이 어떤 상태를 원하는지에 따라서 체온을 올릴 수도 있고 내릴 수도 있다. 정말 중요한 점은, 이때 일어나는 과정을 동물 스스로 정교하게 조절하고 통제한다는 사실이다.

나는 신속하게 공원에 있는 다른 고슴도치의 체온을 측정해보았다. 녀석들 모두 겨울잠에 든 상태였다! 다행스럽게도 그들의 보금자리는 제1측정소에서는 가까운 곳에 있었다. 노트북을 측정장치와 연결하자, 화면에 일련의 숫자가 반짝거리면서 나타났다. 이어서 그래픽을 만들기 위해 문서 자료를 데이터 작업 프로그램으로 열었다. 좋아 보였다. 아니아주 좋은 결과였다. 나는 대학에 가서 평가하기 위해 빨리 자료를 복사해 자전거에 올라탔다.

나는 흔히 이런 질문을 받는다. 왜 이런 고생을 하세요? 고슴도치나 다른 동물의 겨울잠이 어떻게 진행되는지에 누가 관심을 갖겠느냐고. 대답은 그리 간단하지 않다. 어떤 프로젝트든 시작할 때마다 학구열이라는 게 작동하는데, 우리는 이것을 연구에 몰두하게 만드는 호기심(curiosity-driven research)이라고 부른다. 따라서 이런 프로젝트로 인해 직접적이고 실질적인 유용성이라든가, 기술적인 발달 같은 것은 얻어낼 수 없다. 학문적인 의문에 답을 얻고 싶은 욕구가 제일 앞선다. 살기 힘든 생활권에서 작은 포유류들이 살아남는 데 겨울잠은 어떤 역할을 할까? 대도시에 사는 야생동물들은 어떻게 적응을 하는 것일까? 조건이 변하는 환경에 적응하기 위해 하나의 종은 어떤 잠재력을 가지고 있을까? 이와 같은 질문의 배경은 이런 사실을 말해준다. 즉 우리는 알고 있는 것만 보호할 수 있다는 사실 말이다. 오로지 과학적 자료를 바탕으로 하는 자연보호 전략만이 성공을 거둘 수 있다는 뜻이다.

내가 하는 연구는 비교 동물생리학에 속한다. 이 분야는 제목이 말해주듯이, 비교를 중점에 두고 있다. 한 마리 고슴도치에 관한 자료는 그다지 타당성이 없다. 이 개체가 어떠한지 정도만 알 수 있다. 비교를 통해서야 비로소 이런 자료는 흥미로워진다. 이때 과학자들은 하나의 종에 속하는 여러 개체를 비교하거나 서로 다른 두 종에 속하는 개체를 비교한다. 동일한 종에 속하는 개체를 비교할 때는, 예를 들어 암컷과 수컷을 비교하거나 나이별로 비교할 수 있고, 혹은 두 개의 개체군을 비교할 수도 있다. 개체란 하나의 종에 속하고 동일한 생활권에서 살며, 다른 종과는 구별된다. 서로 다른 개체군에 속하는 동물들은 유전적인 지도와 조건은 동일하지만, 사는 환경이 다르다. 우리는 도시에서 관찰한 고슴도치의 자료를 핀란드 오울루(Oulu)주에 사는 고슴도치와 비교할 수 있을 것이고, 혹은 시골에 사는 고슴도치와 비교할 수도 있다. 개체군 사이에 차이가 있을까? 만일 있다면, 어느 정도로 적응했다는 것일까? 사막에서 개체군을 이루어 사는 캥거루쥐(*Dipodomys merriami*)의 경우에 습기가 더 많은 생활권에서 사는 개체군에 비해 수분 소비를 36퍼센트 적게 할 수 있다. 이처럼 비교하는 방법이 생태생리학적인 야생 연구의 주를 이룬다. 이렇게 얻은 정보는 동물과 환경 사이에 복잡한 상호작용을 밝히는 데 도움이 된다. 그리고 하나의 동물종이 자신들이 서식하는 생활권에 요구하는 사항을 분석하고 이를 통해 실제로 분포한 지역을 이해하고 미래에 어떻게 변하게 될지를 예언하는 데 도움이 된다.

하루 동안 자는 겨울잠

커다란 화면으로 조용히 자료를 훑어보았다. 야외에서 새로 수집한 자료를 지켜보는 일보다 더 아름다운 일은 없을 것이다. 우선 나는 처리되지 않은 데이터를 신호가 두 번 울리는 사이의 시간적인 간격으로 바꿔 입력한다. 이로부터 체온 수치를 읽고자 한다. 좀더 단순하게 표현하면, 신호의 소리가 빠르면 빠를수록, 송신기가 더 따뜻하다는 의미다.

신호 소리의 속도를 기반으로 온도를 정리하려면, 우리는 사용하기 전에 모든 송신기의 눈금을 개별적으로 표시해야만 한다. 그러기 위해 송신기는 물에 넣어두었는데, 송신기의 온도를 내릴 수 있는 까닭이다. 두 개 신호 사이의 시간은 섭씨 5도에서 40도 사이의 다양한 온도로 측정되었고, 이런 자료들은 곡선으로 나타난다. 데이터를 검정(檢定)곡선(calibration curve)을 이용해 변환하자마자 모든 동물에 대한 그래픽을 만들 수 있다. 체온 외에 주변의 온도도 얻어낼 수 있다.

데이터들은 고슴도치가 11월 중반에 겨울잠에 들기 시작했다는 사실을 보여주었다. 실제로 겨울잠 시즌을 시작하기 위한 계기를 마련하는 것은 어렵다. 물론 종마다 특색이 있기는 하다. 몇몇 종은 엄격하게 날짜에 맞춰서 겨울잠을 자기 시작한다. 이들은 대부분 달력이 없기 때문에, 자신들이 바꾸지 못할뿐더러 늘 정확한 날짜를 말해주는 기준에 따르는데, 바로 낮의 길이다. 해가 뜨고 지는 시간의 차이는 매일 바뀌며, 이것이 동물들이 신뢰하는 달력인 셈이다. 이런 것을 두고 사람들은 강력한 계절적 특징이라고 말한다. 이는 겨울잠에만 해당하지 않고, 예를 들어 털갈이를 할 때도 적용된다.

1970년대의 연구에 따르면, 하루의 길이가 바뀌면 중가리아햄스터(*Phodopus sungorus*: 난쟁이햄스터속에 속한 세 종류 중 한 종—옮긴이)가 털갈이를 할 수 있다고 한다. 사람들이 모든 햄스터를 한동안 겨울 날씨(하루 6시간 동안 빛에 노출)에 풀어놓았다가, 이어서 햄스터 그룹을 나누어서 절반만 여름 날씨(하루 16시간 동안 빛에 노출)에 풀어놓았다. 그러자 여름 낮 길이에 노출된 햄스터들은 즉각 흰색 겨울털을 어두운 여름털로 바꾸기 시작했다. 흥미로운 점은, 두 그룹으로 나눈 햄스터들의 주위 온도는 지속적으로 섭씨 20도를 유지했고 먹이도 바꾸지 않았다는 사실이다. 여기에서 볼 수 있듯이 낮의 길이는 털갈이를 결정하는 중요한 요소인 것이다. (정확하게 말하면 밤의 길이도 중요한데, 어둠의 시간이 지속되는 것도 중요하다.) 이런 햄스터 종류의 털갈이뿐 아니라, 토르퍼에 들어가는 태도 역시 계절에 좌우된다.

햄스터는 토르퍼를 이용하지만, 결코 겨울잠을 자는 동물이 아니다. 이것은 매우 중요하다. 즉 토르퍼와 겨울잠은 동어의가 결코 아니다! 토르퍼는 동물들이 겨울잠을 잘 때 취하게 되는 생리학적 상태를 의미하는 개념이다. 그래서 토르퍼에는 다른 형태도 있는데, 바로 낮에 취하는 토르퍼(daily torpor)다. 겨울잠을 자는 고슴도치와 반대로 햄스터는 낮에 무기력해지는 이런 상태를 이용한다. 따라서 토르퍼는 두 가지 종류로 나타나는데, 겨울잠과 낮의 토르퍼다. 이 차이는 토르퍼 상태의 특징을 기반으로 한다. 이때 무엇보다 토르퍼 국면이 최대한 얼마 동안 지속될 수 있는지와 동물이 견딜 수 있는 최소한의 신진대사와 같은 요소가 중요하다.

이와 같은 구분은 여전히 토르퍼를 연구하는 사람들 사이에서 활발한 논쟁의 대상이 되고 있다. 만일 이온성 동물(단기간 동안 신체의 어떤 부위의 체온을 몇 도 정도 바꿀 수 있는 동물—옮긴이)을 종에 따라서 구분한다면, 분명한 결과가 나온다. 즉 동물 가운데 일부는 24시간 이상은 토르퍼 상태에 머물 수 없으며 토르퍼 상태의 중간 중간에 먹이를 섭취해야만 한다—이것이 바로 낮 토르퍼다. 또 다른 동물은 토르퍼 국면을 연속적으로 할 수 있는데, 개별적으로는 3주 이상을 할 수 있고, 대체로 다른 동물에게 잡아먹히지 않기 위해 가끔 체온을 올리느라 토르퍼가 방해받을 뿐이다—이런 동물들이 바로 겨울잠을 자는 동물이다. 이 두 그룹은 토르퍼라는 생리학적 상태를 이용한다. 2015년에 200마리 이상의 포유류를 대상으로 대대적으로 실시한 분석에 따르면, 낮 토르퍼와 겨울잠 사이에 뚜렷한 차이가 나타난다. 낮에 토르퍼 상태를 이용하는 동물과 비교할 때, 겨울잠을 자는 동물은 평균적으로 체중이 더 많이 나가고 최대 30배 이상 더 오래 토르퍼 국면에 있으며, 토르퍼 국면에서는 체온을 섭씨 13도 더 낮게 유지할뿐더러 평소에 비해 신진대사를 90퍼센트 이상 줄일 수 있다.

이와 같은 구분은 순전히 인위적이며, 단지 실험실에서 얻은 결과를 바탕으로 하고 있지 야외에 사는 야생동물을 표본으로 하지 않는다고 이의를 제기하는 비판가들이 있다. 이온성 동물 가운데 다양한 특징에 대해 다루는 게 더 낫지 않겠냐는 것이다. 발달된 기술을 이용해 겨울잠과 낮 토르퍼 중간에 속하면서 야생에서 살고 있는 몇몇 종의 토르퍼 패턴을 발견할 수도 있지만 힘든 일이기는 하다. 코끼리땃쥐과에 속하는 엘레판툴루스(*Elephantulus*)는 40시간가량 토르퍼 국면에 들어가므로 딱 좋은 본보기가 된다. 하지만 내 생각에는, 이런 예외적인 경우도 전반적인 원칙을 인정하고 있을 뿐이다. 다시 말해, 전체적으로 보면 겨울잠을 자는 동물과 낮에 토르퍼 국면에 드는 동물로 구분하는 방식은 설득력이 있다.

낮에 토르퍼 국면에 들면 어떤 일이 생기며 어떤 동물이 이와 같은 형태를 이용할까? 우리는 낮 토르퍼를 '미니 겨울잠'으로 상상하면 된다. 이것 역시 겨울잠을 잘 때 발생하는 생리학적 과정과 동일한 과정을 거치게 되고, 다만 동물들은 조금 더 짧은 시간 동안 무기력 상태에 있을 따름이다. 그리고 체온을 급격하게 낮추지도 않고, 따라서 절약하는 에너지도 적으며 대사저해(代謝沮害)도 적다. 대부분의 동물이 체온을 대략 섭씨 15도까지 낮추며 20시간 정도 후에 다시 깨어난다. 그러고 나서 동물은 체온을 올리고 먹이를 먹어야 한다. 낮 토르퍼는 임의적 행동으로 표현되는데, 말하자면 주어진 환경에 적응하는 수준이다. 이와 달리 겨울잠은 대체로 준비가 필요하며 강제적 행동이라 할 수 있다. 낮 토르퍼는 매우 다양한 동물 그룹에서 아주 빈번하게 일어난다. 그 가운데 많은 유대류와, 태반류(Placentalia)가 있다. 태반류에는 땃쥐류(*Crocidura*), 사슴쥐속(*Peromyscus*), 가시생쥐속(*Acomys*), 사막쥐(*Gerbillinae*), 저녁쥐속(*Calomys*), 햄스터(*Phodopus*)가 있다. 그리고 박쥐와 몇몇 조류도 낮 토르퍼 국면을 이용한다. 낮 토르퍼는 단기적으로 먹이가 부족할 때 매우 즉각적이며 유연하게 대응하는 방식이라고 할 수 있다. 상당히 오랫동안 이와 같은 방식이 동물왕국에서 갖는 중요한 의미가 과소평가되었다. 나는 박사논문에서 낮 토르퍼를 철저하게 다루었는데, 이에 관해서는 나중에 다시 이야기하기로 하고, 우선 겨울잠에 관해 계속 얘기하자.

털갈이, 번식이나 토르퍼 패턴과 같은 다양한 생물학적 과정은 먹이, 낮의 길이 혹은 주변의 기온과 같은 다양한 측면에 영향을 받는다. 예를 들어 겨울잠을 자는 많은 동물이 온도에 상당히 예민하게 반응한다. 그들은 주변 온도가 내려가자마자 토르퍼 국면의 첫 단계에 들어가는 것이다. 하지만 인과성은 대부분 그렇게 간단하게 유추할 수 없고, 동물들은 내적 요인과 외적 요인이 상호 얽혀 있는 복잡한 원인에 의해 반응한다. 고슴도치 역시 다르지 않다. 그래픽을 바탕으로 나는, 주변 온도가 고슴도치에게 영향을 주었다는 사실을 예측할 수 있었다. 11월 둘째 주가 되자 확연히 추워졌고, 따라서 연관성이 있을 수 있었다. 이는 1980년대에 실험실에서 이루어진 연구 결과와 다르지 않은데, 당시의 연구에 따르면 기온이 섭씨 11도 혹은 이보다 더 추워지면 고슴도치는 어떤 계절이든 토르퍼를 이용한다고 되어 있다. 우리는 야외에서 실험한 결과를 고슴도치 겨울잠에 관한 지식 풀(pool)에 추가할 수 있는데, 물론 이 자료들을 통계학적으로 평가하고 공개한 뒤에 가능하다. 대체로 개별적으로 이루어지는 모든 연구는 그 자체로 세상을 움직이는 힘을 갖지 못하며, 다양한 연구 영역에 종사하는 과학자들의 자료를 모아서 마치 퍼즐로 전체 그림을 맞추듯이 해야만 가능하다. 이런 과정은 수십 년이 걸린다. 때문에 다음과 같은 가벼운 대화에서 받는 질문에조차 대답하기가 어렵다. "그래서, 너는 어떤 새로운 사실을 알아냈어?" 고슴도치의 자료에서 무엇을 알아낼 수 있을지 한번 보자.

수면을 통한 휴식

그래픽을 보니 고슴도치의 피부 온도가 곡선의 형태를 띠었다. 곡선이라고? 그렇다. 겨울잠을 자는 동물은 겨울 동안에 계속해서 낮은 체온을 유지하는 게 아니고, 중간에 몸을 다시 데우고는 한다. 이런 국면을 일컬어 '주기적 워밍(warming) 시기'라고 한다. 워밍 시기에는 신체에서 일어나는 모든 과정이 가동되는데, 체온·신진대사율·심장 박동이 정상적인 수준까지 작동이 되는 것이다. 동물들은 왜 이런 것을 할까? 아쉽게도 우리는 그와 같은 질문에 만족할 만한 답을 알지 못한다. 내가 주시하는 대도시의 고슴도치들도 열흘마다 몸을 덥히는 것 같고 이를 위해 겨울을 위해 비축해둔 에너지의 많은 양을 사용하고 있다.

토르퍼 국면의 시작과 끝을 야기하는 정확한 원인과 계기가 무엇인지는 여전히 미지수로 남아 있다. 하지만 낮은 주변 온도에서 토르퍼를 지속할 수 있는 기간의 상한선은 있다. 토르퍼 상태에서는 면역력이 낮아지고 동물의 기능은 몸을 덥히는 과정에서야 비로소 제대로 작동하므로 토르퍼를 무한대로 지속할 수는 없다. 예를 들어 황금망토땅다람쥐(*Callospermophilus lateralis*)는, 병원체를 주입한 후에 워밍 국면에서만 면역력이 작동한다는 사실이 밝혀졌다. 질병인자를 성공적으로 퇴치하기 위해 동물들은 몸을 덥혀야만 할까? 토르퍼 국면에 있는 동물들은 특정 수면 상태를 취할 수 있을까? 워밍하는 국면은 뇌의 재생을 위해 중요할까? 심장은 토르퍼 국면의 중간에 냉기로부터 회복해야만 할까? 신진대사로 인해 생기는 독을 방출해야 할까? 유전자 생산을 추후에 하려면 토르퍼 국면을 중간에 중단할 필요가 있을까? 어쩌면 원인이 단 하나가 있다기보다는, 토르퍼를 중단하지 않을 수 없는 여러 가지 원인이 동물들에게 복합적으로 작용하는 것이 아닐까? 주기적인 워밍 국면은 살아남으려면 반드시 거쳐야 하는 과정인 것이다.

토르퍼 국면의 끝, 그러니까 주기적인 워밍 국면이 시작되면 그 신호를 다시금 자체 온도계인 시상하부에 전달하게 된다. 온기를 생산하는 중요 업무는 이른바 갈색지방조직(brown adipose tissue)이 맡는다. 이 조직은 겨울잠과 관련해 핵심 역할을 한다. 고슴도치의 겨울잠에 관한 과거의 연구 결과들은 이 주제와 관련이 많은데, 고슴도치와 같이 상대적으로 겨울잠을 많이 자는 동물의 경우에 연구를 잘할 수 있기 때문이다. 우리 인간도 갈색지방조직을 가지고 있는데, 물론 나이가 들면서 이 갈색지방조직의 발생과 의미가 현저하게 감소한다. 특히 갈색지방조직은 신생아가 얼지 않도록 보호해주는데, 따뜻한 자궁에 있다가 세상 밖으로 나왔을 때의 온도는 그들에게 가히 충격적이기 때문이다.

따라서 갈색지방조직은 열을 생산하기 위해 있다. 이 조직에는 특히 미토콘드리아가 상당히 밀집해 있는데, 미토콘드리아는 동식물 세포의 작은 발전소라고 할 수 있다. 원래 미토콘드리아는 생명력에 관여하는 재료인 아데노신삼인산(ATP)을 생산한다. 이때 쓰레기로 생산되는 것이 열이다. (정확하게 말해 에너지는 새롭게 생산되는 게 아니라, 항상 변환될 뿐이다!) 특별히 인산 하나가 떨어져나가는 과정을 거치면서 발열 과정으로 변하는 것이다. 갈색지방조직은 상황에 따라 변하고 그리하여 매우 효과적으로 열을 생산해내는 미토콘드리아로 가득 차 있다. 워밍 과정은 매우 적극적이고 정확하게 통제하는 프로세스인 것이다. 이렇듯 온도를 올리는 과정은 수동적인 냉각 과정과 비교해보면 신속하게 일어난다. 함부르크에 사는 우리의 고슴도치는 시간당 대략 6도를 덥힌다. 이는 가시가 돋친 다른 겨울잠 동물인 짧은코가시두더지와 거의 동일한 수준이다.

돌처럼 오래된 고슴도치

매혹적인 방법으로 생태학적 모델인 '고슴도치(가시가 돋친, 야행성의, 곤충을 먹는)'는 여러 번 진화 과정을 통과해왔다. 고슴도치 종류 외에도 오스트레일리아 짧은코가시두더지와 마다가스카르 텐렉아과도 있다. 다양한 동물종이 생태적 압박 탓에 비슷한 구조로 발전한다면, 이를테면 비슷한 형태나 기능을 가진다면, 이를 두고 사람들은 '수렴 진화'라고 부른다. 고슴도치, 짧은코가시두더지와 텐렉과는 겨울잠을 자는 동물로, 일 년 가운데 6~11개월을 토르퍼 상태에 있다. 이 세 동물은 진화상으로도 매우 흥미진진하다. 즉 고슴도치는 1500만 년 전에도 오늘날과 거의 흡사한 설계도였다(인간은 겨우 2만 년 전에야 오늘날의 인간과 비슷해졌다). 짧은코가시두더지는 심지어 포유류이지만 파충류처럼 알을 낳는다. 하지만 이 녀석도 정말 오래전부터 살았다. 텐렉과 동물은 체온을 자유자재로 바꾸면서 곤충을 잡아먹는 자그마한 포유류이자, 지구상에 살게 된 포유류들 가운데 최초의 포유류라는 지위를 갖고 있다. 몇몇 텐렉종은 오로지 번식할 시기에만 몸을 덥혀서 안정적인 체온을 유지하며, 나머지 기간 동안에는 주변 온도에 맞추어서 살아간다. 우리는 2억 년 전에 살았던 자그마한 '원시 포유류'가 바로 이렇게 살았을 것이라 상상할 수 있다.

이런 최초의 포유류들은 공룡보다 더 오래 살아남았다! 아마도 토르퍼를 할 수 있는 능력 덕분에 이렇듯 대표적인 원시 포유류들은 6500만 년 전에 대량으로 죽지 않고 살아남았을 것이다. 이들 동물은 생태적으로 살아갈 수 있는 다양한 지역에서 살아남았고, 다양한 종으로 갈라졌으며, 주변 환경과 무관하게 체온을 지속적으로 관리할 수 있는 내온동물(온혈동물)로 점점 발전하게 되었다. 이로써 이들 동물은 파충류와 양서류와 비교할 때 확실히 장점을 지니게 되었다. 다시 말해, 이들은 추운 곳에서도 살 수 있었다. 이렇게 포유류의 성공 스토리가 시작되었는데, 포유류는 곧 지구 전체를 뒤덮었다.

가시가 돋쳐 있고 야행성이며 벌레를 잡아먹는 이 포유류의 설계도가 바로 성공을 거둘 수 있었던 처방전이며, 그 덕분에 고슴도치가 전 세계에서 위협적이지 않은 소수의 생활권, 그러니까 대도시에서도 지속적으로 살아남는 데 성공할 수 있었을지 모른다. 가시가 돋친 나의 고슴도치들도 모두 대도시라는 정글에서 겨울잠을 잘 수 있는 푹신한 보금자리를 발견했다.

2

초원에 사는 박쥐들

날아다니는 포유류

뜨는 태양은 따스한 빛을 발산하며 캐나다의 초원에 두둥실 등장했다. 눈길이 닿는 곳은 평평한 평야밖에 없고, 평야 위로는 끝없는 지평선이 둥근 아치 모양으로 펼쳐져 있다. 우리는 9월의 어느 날에 일찌감치 위니펙에서 출발했는데, SUV를 타고 북쪽으로 떠나기 위해서였다. 총 세 명인 우리는 다가오는 주에 매니토바주(Manitoba: 캐나다 중앙에 위치한 주—옮긴이)를 돌아다니며 날아다니는 유일한 포유류를 찾아볼 작정이다. 박쥐는 박쥐목(*chiroptera*)의 대표적인 동물이며 많은 관점에서 특이한 동물이기도 하다. 즉 박쥐는 천공을 생활권으로 선택하고 정복한 유일한 포유류인 것이다! 전 세계에 1000종 이상의 다양한 종이 있는 박쥐는 매우 성공을 거둔 포유류다. 이 세상에 존재하는 포유류가 고작 5000종

이상이라는 사실을 생각해보면 분명해진다. 그러니까 포유류 다섯 마리 가운데 한 마리가 박쥐라는 말씀! 캐나다 중앙에는 박쥐가 8종 있는데, 이들 가운데 절반은 겨울이 되면 남쪽으로 이동하며, 다른 종들은 이곳에서 겨울을 난다. 우리는 '작은갈색박쥐(*Myotis lucifugus*)'를 찾고 있는데, 이 종은 깃털처럼 가벼워서 무게가 고작 8그램밖에 나가지 않으며 이름에서처럼 갈색 털이 나 있다.

북쪽을 향해 가는 길에 만나는 지역들은 점점 인적이 드물어졌다. 작은 마을조차 갈수록 구경하기 힘들 정도로 줄어들었다. 우리는 보호구역 몇 군데를 통과해 지나갔는데, 이곳은 토착민들이 살고 있는 구역이다〔캐나다에 사는 인디언들은 캐나다 원주민(First Nations), 메티스(Métis), 혹은 이누이트(Inuit)에 속한다. 인디언이라는 말은 사람들이 카니발 때 즐겨 치장하는 인디언 의상과 더불어 이들에게 상처를 준다〕. 마침내 우리는 눈에 잘 띄지 않는 공원 주차장에 이르렀다. 이곳에는 연초가 되면 관광객 수천 명이 모여드는데, 자연의 장관을 구경하기 위해서다. 4월과 5월이면 엄청난 무리의 파충류를 구경할 수 있다. 그것도 캐나다 초원 한복판에서! 5만 마리 이상의 가터뱀(*Thamnophis sirtalis*)이 그야말로 뱀으로 이루어진 양탄자를 만드는 것이다. 이런 광경에서 최고는, 사람들은 이 뱀들을 걱정 없이 높이 들어볼 수 있다는 것이다. 지금은 조용한데, 뱀들이 겨울잠을 자느라 이미 돌 밑으로 돌아가 버렸기 때문이다.

하프처럼 생긴 덫

우리는 등에 햇살을 받으며 계속 차를 몰고 갔다. 거리에는 인적이 점점 드물어져, 맞은편에서 오는 자동차를 손으로 셀 수 있을 정도였다. 몇 시간 후에 우리는 들판에 도착했다. 이곳에 신속하게 배낭과 양식을 차곡차곡 쌓아두고, 연구해야 하는 지역으로 이동했다. 근처에 있는 숲에 박쥐들의 굴이 숨어 있다. 이런 굴들은 대체로 매우 작아서 우연하게 발견되고는 한다. 숲에서 일하던 노동자들이 갑자기 땅이 푹 꺼지는 바람에 이런 굴을 보게 되는 것이다. 아주 많이 모여 사는 박쥐들이 겨울을 어디에서 보내는지는 우리도 잘 모른다. 이들은 여름에 대대적으로 이 지역에서 살다가, 그 이후에는 사라져버리는 것이다. 캐나다에서 수십 년 동안 박쥐를 연구하는 동료들조차 겨울이 되면 박쥐를 찾아다닐 정도다. 흔히 박쥐가 사는 굴은 너무 작아서, '동굴이 생기기에 좋은' 바위 주변의 특수한 나무들로 알아볼 수도 없다. 사실 이런 특징이 있다면 동굴 연구가들은 위성사진으로 동굴을 찾아낼 수 있는데 말이다. 동물을 보호하기 위해 동굴의 정확한 위치는 공개되지 않는다. 우리는 이 구역에서 우리가 잘 아는 동굴 주변에 박쥐를 잡기 위해 덫을 놓느라 오후를 다 보냈다.

박쥐들은 날아다니는 능력 덕분에 지극히 이동성이 뛰어나고 그리하여 지구상에 있는 거의 모든 구석구석을 정복했다. 실제로 북극을 제외한 모든 대륙에서 이들의 지극히 다양한 생활권을 발견할 수 있다. 뉴질랜드에는 유럽인이 도착하기 전에 두 종류의 포유류만 있었는데 바로 박쥐들이었다! 박쥐는 기본적으로 나무가 부족하면 널리 퍼지는 것도 제한을 받는다. 따라서 캐나다에서는 어디를 가든 박쥐들이 있는데, 북쪽에 위치한 툰드라 지역은 예외다. 통틀어서 이곳에는 박쥐가 20종 있으며, 이들은 모두 전 세계에 퍼져 있는 18가지 박쥐 가족들에 속해 있고, 애기박쥣과다. 솜씨 좋게 날아다니는 박쥐를 잡기 위해서는 커다란 어망이나 이른바 하프처럼 생긴 덫을 사용한다.

우리는 이렇게 생긴 덫 세 개를 배낭에 넣어왔고, 이 덫은 정말 커다란 하프 악기를 연상시킨다. 가느다란 실이 대략 3미터 높이에 있는 금속 테두리에 촘촘하게 연결되어 있다. 금속 테두리 밑에는 천으로 만든 커다란 주머니를 걸쳐둔다. 낚싯줄과 비슷한 가느다란 실은 너무 얇아서 박쥐들은 방해물로 인식하지 못한다. 박쥐들은 망설임 없이 그걸 향해 날아가다가 천으로 만든 주머니 안에 떨어지게 되고, 그런 다음에 기어 올라보지만 결국 걸쳐놓은 천에 매달려 있게 된다. 이런 박쥐를 잡아채면 되는 것이다.

덫을 세우기 위해 우리는 박쥐가 밤에 자신들이 머무는 굴에서 나와 근처에 있는 강을 따라 날아갈 때 이용할 것 같은 숲길을 찾아보았다. 달이 휘영청 떴고, 점점 기온이 차가워졌다. 우리는 가벼운 식사를 하려고 차를 타고 다녀왔다. 그런 뒤에 설치해둔 덫 근처에서 대기했다. 야생동물을 연구하는 생물학도가 이렇듯 오래 기다려야 하는지 예전에는 미처 몰랐다. 청소년 시절에 텔레비전에서 방영하는 동물 다큐멘트를 봤을 때, 그때는 항상 사람들이 움직이기만 했는데! 우리는 동물들에게 방해가 되지 않으려고 대화조차 나누지 않았고, 청명한 침엽수림은 매우 조용했다. 우리 중 한 사람이 15분마다 덫을 확인했다. 바라건대 계획한 겨울잠 프로젝트를 잘 준비하려면 오늘 박쥐 몇 마리라도 덫에 걸려줘야 한다.

겨울잠 연구는 비교 동물생리학에 뿌리를 두고 있다. 생물학 가운데 이 영역은 동물 신체의 내부에서 일어나는 과정, 예를 들어 호흡·혈액·에너지 신진대사·호르몬·순환·온도 조절 혹은 수분 관리와 같은 주제를 연구한다. 이런 측면은 모두 환경의 영향을 받으며, 따라서 생태학은 내 연구에서 두 번째로 중점을 두는 분야라고 할 수 있다. 생태생리학이라는 개념은 이와 같은 협업임을 말해준다. 개별 종의 생존과 번식을 보장하고 종을 보존하기 위해서는 동물들의 생리학적 과정이 아무런 문제 없이 잘 작동하는 게 중요하다. 따라서 생태생리학은 환경의 영향과 하나의 종이 거둘 수 있는 생태학적 성공 사이에 있는 핵심인 것이다.

한 마리의 동물이 어떻게 작동을 하며 환경과 상호작용을 하는지 연구하려면, 유기체의 생물학적 형태 전체를 연구하는 것이 불가피하다(유기생물학). 지난 수십 년간 유전학과 분자생물학에서 이룬 발전들은 지극히 매혹적이고 생물에 대한 우리의 이해를 지극히 풍부하게 만들어주고 있다. 유감스럽지만 동전의 양면처럼 이런 연구에도 다른 측면이 있다. 즉 생태학, 비교 동물생리학 혹은 행동생물학과 같은 전통적인 동물 연구 방향을 포함한 유기생물학은 유감스럽게도 시대에 뒤떨어진 연구로 간주되고, 그로 인해 대학 정책에서나 연구비를 지급할 때도 소홀한 대접을 받을 때가 많다. 이런 학과에서 가르치는 연구진은 은퇴한 후에 대부분 연구 방향이 다른 곳에서 활동하게 되며, 그리하여 서서히 전통적인 동물학이 대학에서 사라지고 있는 형편이다. 우리처럼 야생동물을 연구하는 생물학자들은, 우리가 연구하는 많은 동물들처럼, 심각하게 멸종 위기에 처해 있다.

겨울잠 연구 자체도 다양한 영역에 펼쳐져 있다. 실험실에서 연구하는 사람들은 이런 질문을 해결하려고 노력한다. 토르퍼는 뇌에서 어떻게 조종될까? 이때 어떤 호르몬이 중요한 역할을 할까? 토르퍼 상태가 되면 면역체계와 근육에는 어떤 일이 일어날까? 많은 사람은, 겨울잠을 자는 상태를 인간에게 사용할 수 있었으면 하는 꿈을 꾼다. 그러니까 의학적 목적으로든 아니면 우주 비행의 목적으로든 말이다. 우주 비행사들은 토르퍼 상태에 있으면 훨씬 더 멀리 갈 수 있을지도 모르고, 그러면 우주 비행을 하는 가운데 방사선에 덜 노출될 것이라 기대한다. 인간이 토르퍼 상태에서 화성에 간다고? 비록 빠른 시일 내에 겨울잠을 자는 우주 비행사가 생기지는 않겠지만, 수십 년 전부터 전 세계에 있는 대규모 우주항공센터에서는 토르퍼 상태에 지대한 관심을 보여왔다. 여기에 의학적으로 사용할 수 있는 잠재력도 있다고 본다. 오랫동안 움직이지 않고 차가운 곳에서 살아남는 동물의 기술은, 그것도 손상을 전혀 입지 않고, 과냉각이나 혈액 공급 부족 시에 환자를 더욱 잘 보살펴줄 수 있으리라는 희망을 불러일으킨다. 또한 조직 이식을 할 때와 오랫동안 수술을 할 경우에도 활용할 수 있을 것이라는 희망도 있다. 이와 반대로 야외에서 이루어지는 연구는 그렇듯 이용할 가치를 우선으로 두지 않는다. 우리들, 다른 말로 바꿔 말하면 '장화를 신고 다니는 생물학자'들은 야외에서 생활하는 동물들에게서 일어나는 과정, 그리고 이런 과정에 영향을 주는 요소들에 관심을 갖는다. 물론 나는, 이런 연구도 결국 인간에게 도움이 된다는 확신을 가지고 있다. 왜냐하면 자연이 없으면 우리 인간은 살아갈 수 없으며, 자연은 우리가 이해해야만 보호할 수 있기 때문이다.

한밤중이 되기 직전에 마침내 일이 성사되었다. 드디어 박쥐들이 덫에 걸려들었다. 박쥐들의 몸은 만져보니 너무 작고 부서질 것 같았다. 믿을 수 없을 정도로 가벼웠는데, 그러니 날아다니기에 최적일 수밖에. 이미 언급했듯이, 박쥐는 포유류 가운데 유일하게 날아다닌다. 몇몇 포유류는 미끄럼을 탈 줄 아는데, 예를 들어 인도에 사는 날다람쥐(*Petaurista petaurista*)는 100미터 이상을 미끄러질 수는 있어도 정확하게 날지는 못한다. 이와 반대로 박쥐는 먼 거리를 날뿐더러 빠르게 나는 것도 문제가 없다. 우리가 이곳에서 기다리고 있는 작은갈색박쥐는 예를 들어 시간당 35킬로미터 속도로 날아간다. 작은 몸을 고려하면 놀라운 속도가 아닐 수 없다. 물론 이런 속도는 2016년 11월에 처음으로 측정한 기록과는 한참 떨어져 있다. 즉 멕시코자유꼬리박쥐(*Tadarida brasiliensis*)는 시간당 160킬로미터를 날았다. 그런데 지금까지 이 박쥐는 거대한 집단으로 사는 것으로 유명했다. 잘 알려져 있는 굴은 미국 텍사스에 있는데, 이곳에 2000만 마리나 살고 있다. 이렇게 많은 포유류가 좁은 공간에서 살고 있다니, 믿을 수가 없다! 저녁에 먹이를 구하러 나갈 때면, 모두가 동굴에서 빠져나가는 데만 몇 시간이 걸린다. 이렇듯 옹기종기 모여 사는 것 외에도 이들 박쥐는 몸무게가 고작 12그램밖에 나가지 않지만 놀라운 속도로 인해 신문의 1면을 장식할 정도다. 이로써 그들은 지평선상을 가장 빨리 날아다니는 유럽칼새(*Apus apus*)를 능가한다! 〔시간당 300킬로미터 이상으로 날아가는 송골매(*Falco peregrinus*)의 하강비행과 비교할 수는 없는데, 송골매는 지평선을 따라 나는 게 아니라 중력을 이용하기 때문이다.〕 따라서 박쥐가 비행하는 솜씨가 아니라 '흡혈귀'로 유명해진 것은 부당할 뿐 아니라 틀리기까지 하다. 1000종이 넘는 박쥐들 가운데 고작 세 종만이 실제로 피를 먹고 사는 까닭이다. 그 밖에는 종에 따라 곤충, 과일, 꽃가루, 꽃꿀, 거미, 도마뱀, 작은 새, 개구리, 전갈, 나뭇잎 등을 먹고 산다.

뱀파이어와 박쥐만 아는 괴짜

흡혈박쥐아과는 몸길이가 대략 8센티미터이고, 실제로 대부분 피를 먹으며 남아메리카의 열대우림 지역에 산다. 이들에게는 흡혈귀라는 나쁜 명성이 달라붙어 있지만 반대로 매우 사회적인 동물이다! 예를 들어 흡혈박쥐는 사냥에 실패한 동료와 먹이를 나눠 먹는다. 포유류(대체로 돼지나 소)나 조류의 경우에 흡혈박쥐는 날카로운 송곳니를 이용해 피부에 작게 긁힌 자국을 만드는데, 희생동물들은 이를 의식하지 못할 정도다. 흡혈박쥐의 이빨은 그사이 더 이상 씹는 용도에 이용할 수 없게 되었는데, 액체로 된 먹이에 너무 적응이 잘되었기 때문이다. 흘러나오는 피를 빨아 먹는 게 아니라 핥아 먹는데, 대략 한 스푼 정도다. 잘해봐야 이틀 거리에 지나지 않고 그러고 난 뒤에 다시 굶주려서 죽을 위험에 직면한다.

바로 이 지점에서 사회성이 활약하게 된다. 먹은 피 가운데 일부를 목 근처에 모아두는데, 다른 동료에게 주기 위해서다. 이와 같은 행동은 친지들 사이에서만 볼 수 있는 게 아니고, 이웃에게도 볼 수 있다. 이때 결정적으로 중요한 점은, 피를 나눠주는 박쥐가 보상을 전혀 요구하지도 않거니와 그 밖에 다른 이득을 챙기지도 않는다는 사실이다. 흔히 털을 쓰다듬는 동물들끼리 나눠 먹는 경우가 많다. 이와 같은 행동을 두고 상호 이타주의라고 부른다. 즉 다른 개체가 생존할 수 있도록 단기간 자신에게 손해가 되는 일을 하는 태도다. 이런 행동은, 미래에 자신도 도움을 받을 수 있다고 가정함으로 일어난다. 이는 매우 사회적인 행동 방식으로, 거의 우정을 떠오르게 하고 인간과 영장류에게서 잘 알려져 있다. 영장류와 비슷하게 흡혈박쥐들도 자유로운 시간이 되면 다른 동물의 털을 관리하는 데 많은 시간을 보내는데, 소위 그루밍을 한다. 이런 털 손질을 통해 동물들은 우정을 유지하는 것이다. 이렇듯 장기간의 동맹 관계가 흡혈박쥐들의 놀라울 정도로 상호적인 사회구조의 기반이 된다. 이 동물들은 그렇게 할 수 있을 만큼 충분히 똑똑하며 기억력도 탁월하다. 흡혈박쥐에 대한 부정적 이미지는 오로지 생태학적으로 특정한 부분에만 한정해 판단하기 때문이다.

그럼에도 만일 작은 박쥐가 돼지의 피를 마시면 파격적인 사건으로 간주한다. 이와 반대로 집고양이(*Felis catus*)가 정원에서 조용히 작은부리울새를 갈기갈기 물어뜯어도, 이들 고양이가 가지고 있는 이미지, 그러니까 '껴안고 싶은 이미지'를 상실하지 않는다. 2003년에 진행한 연구에 따르면, 영국에 사는 모든 고양이는 단 5개월 동안 총 포유류 5700만 마리, 새 2700만 마리, 양서류와 파충류 500만 마리를 죽인다고 한다. 모든 집에 사료통이 있음에도 불구하고 말이다! 다행스럽게도 박쥐의 이미지도 점차 향상되고 있다. 점점 더 많은 사람들이 생태계에서 박쥐가 차지하는 중요한 기능을 인정할 줄 알게 된 것이다. 박쥐연구가들은, '박쥐만 아는 괴짜'라는 애칭으로 불리는데, 시민들의 의식을 깨우기 위해 한껏 노력을 기울이고 있다. 이들 연구가들 역시 사람들과 매우 잘 어울리는 성격이다. 그 어떤 과학 학회에 가더라도 나는 박쥐 코너처럼 오로지 팬들을 위한 물건을 파는 부스를 보지 못했다. 귀걸이에서부터 빵 굽는 틀은 물론이고 이불에조차 박쥐 디자인이라니! 그리고 이런 부스는 박쥐 추적기나 박쥐를 잡는 데 사용하는 그물과 같은 장비를 파는 다른 부스보다 늘 북적거린다.

마침내 우리가 놓은 덫에 박쥐가 걸렸고 나는 여대생으로부터 작은 박쥐 한 마리를 건네받았다. 조심스럽게 나는 비단처럼 부드러운 털과 연약한 날개를 쓰다듬었다. 날개는 너무 얇았고(1센티미터의 100분의 몇 정도), 가죽 같은 느낌이 들었으며 놀라울 정도로 저항력이 강했다. 우리는 우선 암컷인지 수컷인지를 확인했고, 이어서 저울에 달아보았더니 8그램이었다. 이는 물에 넣지 않은 티백 네 개 정도의 무게와 맞먹는다. 그런 다음에 우리는 박쥐의 날개에 표지를 달아준다. 숫자가 새겨진 작은 금속 고리를 날개 위쪽에 있는 뼈에 고정하는 작업이다. 우리는 이 지역에 있는 모든 박쥐에게 고리를 달아놓는데, 다시 잡았을 때 언제 어디에서 이 박쥐를 처음 잡게 되었는지를 식별할 수 있기 위해서다. 박쥐에게 우리는 뚫린 고리를 달아주는데, 양쪽 끝이 위쪽으로 살짝 구부러진 이

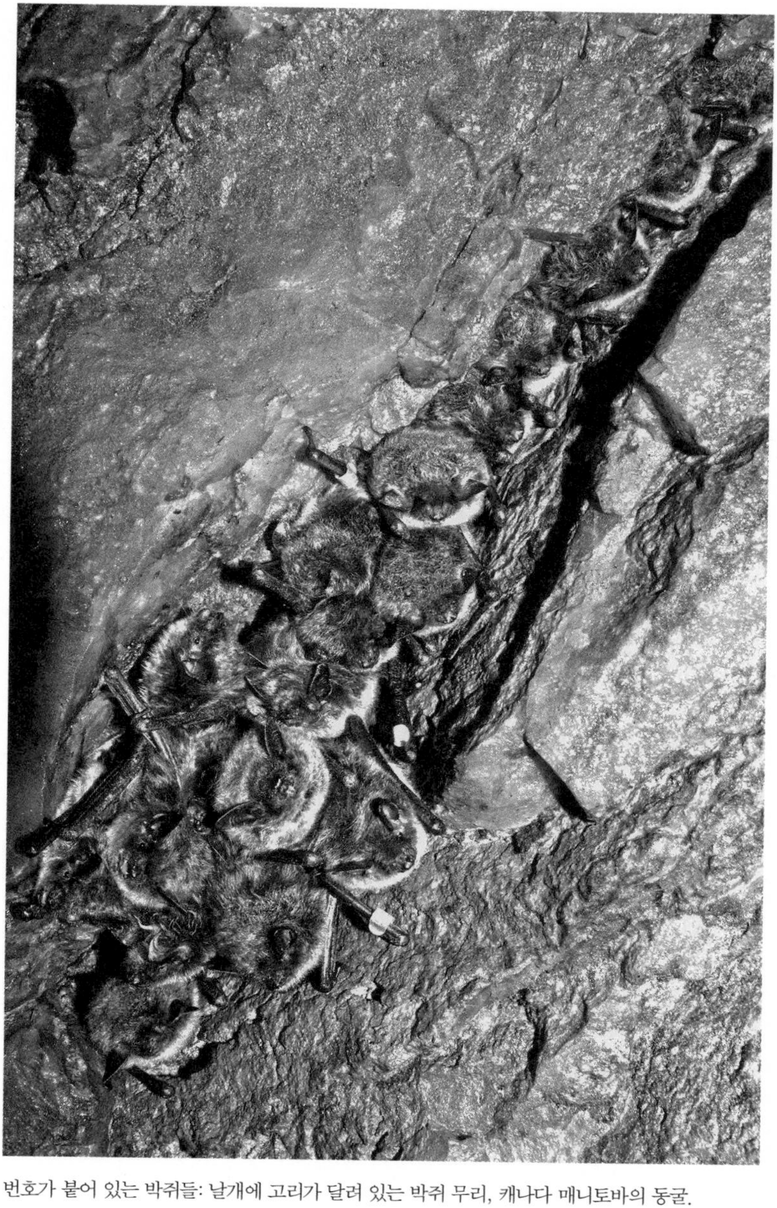

번호가 붙어 있는 박쥐들: 날개에 고리가 달려 있는 박쥐 무리, 캐나다 매니토바의 동굴.

고리는 박쥐에게 상처를 입히지 않는다. 조류 연구를 모방한 이 방식은 고리를 달아주는 아주 오래된 방식으로, 분포 지도를 만들고, 활동반경을 확인하고 개체 수를 예측할 때 도움이 된다.

캐나다 초원에는 그사이 박쥐 수천 마리에게 표지를 달아두었으며, 이 덕분에 데이터를 충분히 수집했다. 예를 들어 2014년에 실시한 조사에 의하면, 여름 서식지와 겨울에 머무는 장소 사이의 계절별 특징에는 믿을 수 없을 정도로 거리가 떨어져 있는데, 10킬로미터와 650킬로미터라는 차이로 벌어진다. 모든 박쥐 중에서 20퍼센트가 일 년에 500킬로미터 이상 이동했다는 통계가 나왔다. 날개에 달아둔 금속 고리 덕에 값비싼 트레킹 장치 없이도 개별 박쥐의 이동을 예측할 수 있다.

모든 동물은 맨 먼저 피부 밑에 작은 마이크로칩을 이식받게 되는데, 애완동물에게 심어주는 것과 같다. 이 마이크로칩으로 개별 동물을 식별할 수 있지만, 날개에 달아두는 고리와는 달리 장점이 있다. 그러니까 이 마이크로칩은 동굴의 입구에 마련해둔 측정장치를 통해서도 읽을 수 있다. 측정장치가 마이크로칩을 읽는 시간은 10분도 채 걸리지 않으며, 그런 다음에 우리의 작은 박쥐는 다시 어둠 속으로 사라졌다. 박쥐를 오랫동안 붙들어두고 싶지도 않았다. 이 녀석들은 겨울이 시작되기 전의 마지막 온화한 밤에 해야 할 일이 많기 때문이다. 겨울에 먹이를 충분히 비축해두기 위해 박쥐는 날마다 자신들 몸무게의 절반이 넘는 날아다니는 곤충을 잡아먹어야 한다! 이를테면 우리가 매일 30킬로그램의 감자를 먹으면 분명 소화에 문제를 일으킬 가능성이 크다. 우리는 고리를 달아주고 대략 25마리에게 표지를 하고서 짐을 꾸렸다. 오늘 하루는 정말 많은 일을 했으며, 박쥐들이 사는 곳을 떠나 우리 거처로 갈 수 있어서 마음이 한결 가벼웠다.

얼음처럼 차가운 정자

이어지는 며칠 동안 우리는 다음과 같은 과정을 반복했다. 즉 낮에는 동굴 입구에 박쥐들의 출입을 칩을 통해 측정하는 장치를 설치했다. 장치에 집중해 빙 둘러앉아 있을 때, 여대생이 갑자기 소리를 질렀다. "곰이에요!" 다행스럽게도 이 여대생은 이곳 출신이어서 곰을 만났을 때 어떻게 대처하는지를 잘 알았다. 우리는 풀쩍풀쩍 뛰면서, "야, 곰아!"라고 큰 소리로 불렀고, 가능하면 시끄럽게 하려고 노력했다. 내 남편은 깜짝 놀랐지만 자신의 카메라를 가져와서 곰 사진을 몇 장 찍었다. 곰은 40미터 정도 떨어진 곳에 있었다. 이 녀석은 머리를 치켜들고 서 있었고 거의 지겨운 표정으로 우리를 쳐다보았다. 그런 뒤에 천천히 걸어서 밝은 숲속으로 사라졌다.

이 지역에는 다행스럽게도 아메리카흑곰(*Ursus americanus*)만이 출현한다. 불곰(*Ursus arctos*)은 이곳보다 훨씬 북쪽에 나타나고 특히 캐나다 서부에서 만날 수 있다. 북극곰(*Ursus maritimus*)은 북쪽 매니토바에 있다. 흰색 털을 가진 거대한 북극곰을 실시간으로 보려면, 제일 좋은 방법은 여기서 900킬로미터 떨어진 처칠(churchill: 허드슨만에 접해 있는 캐나다 매니토바주에서 남서 해안에 위치한 소도시로, 주민 800여 명이 거주하고 있다고 한다. 매니토바주의 주도는 위니펙이다—옮긴이)로 가면 된다. 여기 이 지역에서 만일 사람들이 '곰을 스마트하게(bear-smart, 음식이나 먹고 남은 찌꺼기를 잘 뿌려주면서 곰에게서 벗어난다)' 프로그램에서 제공하는 대로 행동한다면 두려워할 것은 아무것도 없다.

우리는 잠시 깜짝 놀랐지만 이로부터 회복해 다시 일하기 시작했다. 박쥐들에게 고리를 고정하고 측정 기구를 설치하는 일은, 박쥐들이 겨울잠에 들었을 때의 행동을 연구하기 위한 중요한 준비 작업이다. 겨울이 닥치자마자 동물들에게 송신기를 장착할 텐데, 이 내용을 대학생들이 논문으로 발표한다. 우리가 표지를 해둔 박쥐들의 행동을 살펴볼 수 있으면 제일 이상적이다. 이를 통해 우리는 매우 유용한 부수적인 정보도 얻을 수 있는데, 예를 들어 겨울잠을 자기 전의 몸무게 같은 정보다. 2011년에 발표된 연구는, 이 지역에 거주하는 암컷과 수컷은 서로 다른 체중으로 겨울잠을 잔다고 보고했다. 흥미롭게도 암컷이 수컷에 비해 체중이 더 많이 나간다. 게다가 암컷은 비축해둔 지방으로 더 잘 꾸려나갔고 겨울 동안 수컷이나 어린 동물에 비해 더 천천히 에너지를 소비한다. 그러므로 암컷 박쥐는 겨울잠을 끝낼 때도 지방을 많이 비축한 상태다. 이렇게 되는 원인 가운데 하나는, 생활권에 놀라울 정도로 잘 적응하기 때문이다. 다시 말해, 겨울잠에 들기 전에 하는 짝짓기!

가을에 하는 활동을 스워밍(swarming)이라고 하는데, 이런 활동 가운데는 지방 비축 외에 짝짓기도 있다. 늦은 가을이면 암컷은 수컷 여러 마리와 짝짓기를 하고 정자를 겨우내 자신의 나팔관에 보호한다. 그러다가 봄이 되면 수컷의 도움 없이 수정이 된다. 짝짓기와 수정 사이에는 190일이 걸릴 수 있다! 이처럼 정자의 보관은 파트너를 구하는 일과 새끼를 양육하는 일을 시간적으로 분리하는 세련된 메커니즘이다. 이는 두 가지 이유로 매우 영리하다. 우선, 동물이 먹이를 잘 먹을 수 있고 그리하여 정자 생산을 왕성하게 할 수 있는 바로 그 시점에 짝짓기가 이루어진다는 것이다. 두 번째, 암컷은 수컷이 겨울을 잘 이겨낼지 아닐지의 결과와 무관하게 번식에 성공할 수 있다는 점이다.

봄이 되어 곤충들이 다시 늘어날 때야 비로소 임신 기간이 시작되며, 이는 대략 2개월간 지속된다. 만일 이 시기에 예기치 않게 추워지면, 암컷 박쥐는 즉각 무기력한 토르퍼 상태가 될 수 있고 임신 기간을 중단할 수 있다. 기온과 먹이가 우호적인 조건으로 보일 때 암컷은 새롭게 임신을 시작하는 것이다. 암컷 박쥐는 겨울잠을 시작하는 시점에 바로 이어서 에너지가 많이 소모되는 번식 행위를 하게 되므로, 비축해둔 지방을 겨울 동안 좀더 아껴가면서 사용해야 한다. 그렇게 해야 봄이 되어도 힘이 남아 있게 된다. 번식하는 동안 토르퍼를 행하는 동물은 박쥐뿐만 아니고, 수많은 동물이 그렇게 한다. 벌새를 비롯한 매우 다양한 새와 고슴도치, 유대류, 짧은코가시두더지나 유럽겨울잠쥐와 같은 포유류도 있다. 우리의 암컷 박쥐는 봄이 올 때까지 새끼들에 대해 아무런 생각을 할 필요가 없다. 하지만 5월까지는 아직 시간이 많이 남았고 우리는, 가을 여행을 성공적으로 끝낼 수 있어서 기쁘기만 하다. 이제 우리는 겨울이 알려주는 최초의 혹한의 밤을 박쥐와 함께 기다리면 된다.

더운 날보다 눈 덮인 날이 더 오랫동안 지속되는

몇 주가 지나자 때가 왔다. 온도는 0도 이하로 떨어졌고, 첫눈이 내렸다. 우리는 다시 차를 타고 북쪽으로 향했는데, 이번에는 눈이 내린 길을 달려야 했다. 나는 얼음길에 미끄러지지 않으려고 자동차 핸들을 단단히 잡았다. 이제 겨울이 이 초원을 접수했다. 위니펙도 거리와 보도는 눈과 얼음으로 뒤덮였다. 이런 상태는 지극히 정상이며, 오로지 다른 곳에서 온 사람들에게만 미끄러운 얼음길을 걷거나 차를 몰고 가는 게 어려울 따름이다. 이곳은 10월부터 5월까지 온통 눈으로 뒤덮여 있는데, 일 년 가운데 8개월이라고 한다. 그러니 눈이 있는 날이 없는 날보다 더 정상인 것이다. 이곳에 사는 사람들은 기대에 부풀어서, 자연적으로 형성되고 전 세계에서 가장 긴 스케이트장이 마침내 개장하기를 기다린다. 즉 너비가 거의 200미터나 되는 막강한 레드 리버(red river)가 완전히 꽁꽁 어는 것이다! 널찍한 강 한가운데의 분위기는 어떤 것과 비교할 수 없을 만큼 독특했지만, 스케이트를 타다가 중간에 쉴 수 있는 장소가 부족해 나 같은 초보자는 유감스럽게도 스케이트장을 이용할 수 없었다. 도시에 있는 모든 주차 공간에는 콘센트가 있었는데, 사람들은 여기에 배터리를 충전해 따뜻한 온기를 누릴 수 있었다. 위니펙 대학까지 가는 길은 걸어서 15분밖에 걸리지 않았지만, 섭씨 영하 35도에서 도보로 가는 것은 그야말로 도전이라 할 수 있었다. 우리가 머무는 집도 혹독한 겨울의 냉기가 덮친 상태였다.

우리가 맞이한 첫 겨울이 시작될 즈음, 바깥공기를 가능하면 차단할 수 있도록 창문 안을 플라스틱 포일로 막는 게 좋을 것이라는 충고를 들었다. 그러면 숨을 쉴 수 없을지도 모르지 않느냐고 우리가 이의를 제기하자, 상대는 우리말을 이해하지 못했다. 몇 주 후에 창문은 그야말로 완전히 꽁꽁 얼어버렸다. 두 장의 창문 사이에 두꺼운 고드름이 끼었고, 이것 때문에 몇 달 동안 우리가 머무는 울슬리(Wolseley: 위니펙의 서쪽 끝에 있는 곳—옮긴이)의 집에서 지붕과 정원 너머로 보이는 경치를 전혀 내다볼 수 없었다. 그제야 우리는, 이곳 겨울에는 신선한 공기를 마시고자 하는 바람을 굳이 희망사항으로 내세울 필요가 없다는 사실을 깨달았다.

겨울이야말로 밖의 경치를 내다볼 수 없다는 현실이 끔찍한 고통이었는데, 부엌 창문 앞에서 북극광이 지평선 위에서 녹색을 띠고 춤을 추는 장관이 펼쳐지는 것을 볼 수 없었기 때문이다. 하지만 도시의 불빛으로부터 아주 먼 곳에서 비치는 빛이 가장 감동적이었다. 나는 친구들과 함께 라이딩 마운틴 국립공원(Riding Mountain National Park)에서 캠핑을 했던 일을 결코 잊지 못할 것이다. 우리는 이곳에서 어느 날 밤 캠프파이어를 하다 빛의 미친 듯한 쇼를 보고 당황했다. 갑자기 하늘 전체가 밝아졌는데, 마치 누군가 버튼을 눌러서 스포트라이트를 켠 듯한 느낌이었다. 거의 한 시간 동안 황홀한 장관이 지속되었고, 나는 강가에 앉아 있었기에 모기가 나를 실컷 물어뜯는 바람에 욕설이 나왔지만 그래도 구경을 멈출 수 없었다.

눈이 내린 길이었지만 운전은 어렵지 않았고 우리는 계획했던 지점에 도착했다. 이번에는 신중해야만 했는데, 송신기를 설치해야 했기 때문

겨울이 왔다: 섭씨 영하 35도에 마스크를 쓰고 눈썹이 꽁꽁 언 채 캐나다 위니펙 대학으로 가는 저자.

이다. 우리는 항상 박쥐들이 많이 머물지만 사람들이 쉽게 올라갈 수 있는 동굴을 주파수로 탐색했다. 얇은 철사로 된 사다리를 나무에 걸치고서 나머지 사람들은 등반 장비를 챙겼다. 그들은 벌써 동굴로 내려갔고(!) 나는 장비를 잘 지키려고 동굴 안으로 들어가지 않고 밖에 머물렀다. 동굴 안에서는 동료들이 벽에 붙어서 무기력 상태에 있는 박쥐들을 떼어내어 어깨 사이에 있는 등에 정말로 작은 송신기를 붙일 것이다. 집중력이 필요한 작업이고, 동물에게 가능하면 피해를 주지 않으려면 신속하게 작업해야 한다. 박쥐가 깨어나서 체온을 높이면 에너지를 소모하게 되니까 말이다. 송신기는 정말 작지만 송신하는 능력은 상당히 멀리까지 가능하다. 그러니까 우리는 동굴 밖에 있는 측정소에서도 송신기가 보내는 신호를 잡을 수 있다.

일을 마치고 우리는 몸이 거의 얼어붙은 상태로 차를 주차한 곳으로 달려갔다. 자동차 좌석을 따뜻하게 데우는 발명품이 우리는 이 순간만큼 반갑고 고마운 적이 없었다. 그사이 박쥐들은 다시 편안하게 제자리로 돌아가서, 서로 몸을 다닥다닥 붙인 채 있을 것이다. 사람들로부터 방해를 받고 싶지는 않았겠지만, 그래도 동굴이 다시 어두워지고 추워지고 조용해지면, 이들은 신속하게 몸이 다시 식고 에너지 절약 모드를 가동할 수 있을 것이다. 토르퍼 상태에 들어간 고슴도치처럼 박쥐도 에너지 소모를 현저하게 낮출 수 있다.

냉혈의 혼란

왜 포유류와 조류만이 이처럼 에너지 절약의 대가인 것일까? 이 질문에 답하기 위해 나는 좀더 상세히 이야기해야겠다. 독자 여러분은 아마 학창 시절에 생물을 배웠을 것이다. 즉 동물의 세계에는 어떤 동물이 척추를 가지고 있는지 아닌지에 따라서 척추동물과 무척추동물로 나뉜다. 무척추동물에는 예를 들어 해파리·벌레·달팽이·곤충이 속한다. 이들은 부족한 카리스마 때문에 관심의 대상이 되지 못함에도 불구하고, 전 세계 동물종 가운데 97퍼센트를 차지한다! 이와 비교할 때 지극히 소수에 속하는 척추동물로는 물고기·양서류·파충류·조류·포유류가 속한다. 전 세계에 있는 척추동물의 종류는 6만 종 이상이다. 이들 가운데

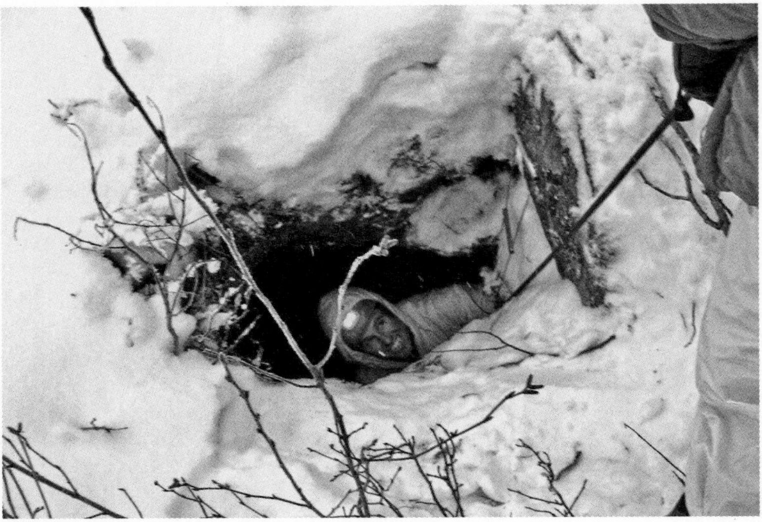

마지막으로 바라보는 시선: 저자의 남편이자 겨울잠 연구가인 제임스 터너(James Turner)가 박쥐 동굴로 내려가기 직전, 캐나다 매니토바에서.

새끼에게 젖을 먹여서 키우는 포유류가 차지하는 비율은 10퍼센트도 채 안 된다.

우리 같은 생리학자들은 겨울잠의 의미와 관련해 매우 중요하므로 동물세계를 좀더 세분하고자 한다. 이때도 학교 생물 시간에 배운 내용을 떠올리면 도움이 된다. 생물 시간에 냉혈동물과 온혈동물에 대해 배웠을 것이다. 그런데 이런 개념은 착각을 불러일으킬 수 있으므로, 우리는 오히려 외온동물〔냉혈동물(ectotherm)〕과 내온동물〔온혈동물(endotherm)〕이라고 얘기한다. 우리에게 중요한 것은 체온을 담당하는 열기가 나오는 원천인데, 즉 어디에서 열기가 나오는가다. 외온동물 체온은 주변 환경의 온도에 달려 있다. 어류, 양서류와 파충류를 포함한 모든 무척추동물이 바로 이런 종류에 속한다. 이와 반대로 내온동물이란 내부에서 열기를 생산해내며 주변의 온도와 무관하게 자신들의 체온을 조절한다. 조류와 포유류가 바로 이런 종류에 속한다(이곳에서 언급하지 않는 몇 가지 예외는 있다).

주변의 기온이 내려가면 체온이 내려가고 이로써 외온동물의 활동력도 떨어지고, 마침내 추위가 이들을 완전히 움직이지 못하게 한다. 그리하여 겨울이 되면 나방, 개구리 혹은 모기를 볼 수 없다. 이와 달리 내온의 포유류와 조류는 생태학적으로 상당히 큰 장점을 가지고 있는데, 외부의 기온과 무관하게 매일 그리고 모든 계절에 활동을 할 수 있다. 이들은 자체적으로 열을 생산하는 기능을 갖추고 있기 때문이다. 바로 이와 같은 이유로 내온동물은 생활권을 선택할 때 상당히 융통성을 발휘할 수 있다. 전 세계의 종이 분포해 있는 상황을 보면, 양서류와 파충류 같은 외온동물의 종 다양성은 적도에서 멀어질수록 감소한다는 사실을 알 수 있다. 아마존 지역에는 여전히 개구리·두꺼비·뱀·도마뱀이 우글거리지만, 이보다 서늘한 지역으로 가면 전혀 그렇지 않다. 예를 들어 중부유럽에는 개구리 종류가 30종이 겨우 넘지만, 아마존 지역에서만 1000종 이상을 발견할 수 있다. 외온동물은 혹한을 잘 견딜 수 있는 능력과 같이 놀라울 정도의 생존 전략을 가지고 있지만, 일반적으로 좀더 따뜻한 들판을 선호한다.

낮은 체온으로 살아가는 삶

내온동물은 생태학적 장점을 가졌지만 그로 인해 지불해야 하는 대가도 있다. 동일한 주변 온도에서 거대한 외온동물의 에너지 소비와 내온동물의 에너지 소비를 비교하면, 내온동물이 열 배는 더 많이 에너지를 소비한다. 이렇듯 에너지를 많이 소비함으로써 내온동물은 먹이를 더 많이 먹어야 한다. 뱀은 몇 주 동안 아무것도 먹지 않아도 살 수 있지만, 쥐는 하루만 못 먹어도 살기가 힘들다. 게다가 내온동물이 작으면 작을수록, 에너지 수요는 더 높다. 코끼리 한 마리는 전체적으로 보면 쥐 한 마리보다 에너지를 더 많이 소비하지만, 체중을 기준으로 에너지 소비량을 살펴보면, 쥐가 코끼리보다 에너지를 더 많이 소비한다. 이런 결과는 부분적으로 다음과 같은 조건 때문이기도 하다. 그러니까 작은 동물은 자신들의 몸 크기에 비해 큰 동물보다 열 손실을 가져오는 표면적이 더 넓다. 굳이 열역학을 언급하지 않더라도, 작은 포유류가 가장 힘들다는 사실을 분명하게 말할 수 있다. 세상에서 가장 작은 포유류인 사비왜소땃쥐(*Suncus etruscus*)는 다 성장해도 체중이 2그램이며, 높은 에너지 소비로 인해 먹이를 지속적으로 섭취해야만 한다.

내온동물은 주변의 기온이 낮아지면 섭취하는 먹이를 늘림으로써 높아진 에너지 수요를 충족시켜야만 한다. 하지만 대부분의 생활권에서는 기온이 낮은 지역은 먹을 수 있는 식량도 더 적게 제공된다. 따라서 냉기와 굶주림에 대한 가장 좋은 답은 에너지 소비를 줄이는 것이며, 체온을 내리고 온도 조절을 가능하게 하는 무기력 상태, 바로 토르퍼가 해결책이다. 이런 상태는 에너지 절약 모드에서 가장 효과적인 방법이라 할 수 있다.

겨울잠을 자는 대부분의 동물처럼 토르퍼 상태에서 박쥐의 체온은 주변 기온보다 섭씨 1도 더 높게 유지된다. 섭씨 4도가 최저 온도로, 토르퍼 상태에서 체온이 견딜 수 있는 최하 온도라는 의미다. 주변의 기온이 이보다 더 높으면, 체온은 수동적으로 주변의 온도에 따라서 변화한다. 그런데 주변의 온도가 이 최저 기온 밑으로 내려가면, 자체적으로 열기를 생산해 신속하게 몸을 덥혀야 한다. 병을 일으킬 수 있는 냉각〔저체온증(Hyperthermie)〕을 예방하기 위해서다. 따라서 겨울잠을 자는 동물에게 세밀한 온도 차를 일으키는 이른바 '마이크로 기후'는 결정적으로 중요하다. 가능한 한 추워야 하지만(추우면 추울수록, 에너지를 더 많이 절약할 수 있으므로), 그래도 너무 추우면 안 된다는 말 사이에도 아주 세밀한 온도 차이가 존재하는 것이다! 동굴과 사람들이 드나들지 않는 작은 규모의 광산은 겨울잠을 자는 동물이 가장 좋아하는 곳인데, 이런 곳에서는 조용하면서도 안정적인 기온 속에 있을 수 있는 까닭이다.

우리가 선택한 동굴이 박쥐들에게 좋은 선택이었는지는 앞으로 몇 달이 지나면 알 수 있을 것이다. 송신기 외에도 동굴에는 작은 데이터 이력 기록장치를 숨겨두었는데, 동굴의 기온을 체크하기 위해서다. 이렇게 하여 마이크로 기후를 조사할 수 있다. 즉 바깥 날씨는 섭씨 영하 35도인데, 동굴 안의 온도는 어떻게 변화할까? 박쥐들이 수년에 걸쳐서 이 동굴을 찾아온다는 사실은, 겨울잠을 자는 동물의 안식처로서 매우 좋다는 표시이기도 하다. 박쥐는 수명이 길며 무슨 일을 우연에 맡기는 것을 좋아하지 않으니까!

정말 오래된 유치원에 다니는 아이들

박쥐는 오랫동안 살 수 있는데, 그들의 크기에 비해 아주 오래 산다. 겨우 8그램밖에 안 되는 이 작은 녀석들은 믿을 수 없을 정도의 기간, 그러니까 30년을 살 수 있다. 이런 사실은 생물학에서 통용되는 많은 규칙을 박쥐가 얼마나 무시하는 경우가 많은지를 보여주는 본보기 가운데 하나에 불과하다. 몸의 크기와 수명 사이에 유효하다고 인정하는 관계는, 동물이 크면 클수록, 더 오래 살 수 있다는 규칙이다. 쥐의 크기에 해당하는 동물들은 두 번째 생일도 경험할 수 없는 데 비해서, 지극히 작은 박쥐는 30년을 살아남을 수 있다. 그 밖에도 박쥐는 매우 충실한데, 특히 겨울잠을 자는 장소를 선택할 때 그러하다. 매년 아주 많은 무리의 박쥐가 겨울잠을 잘 장소를 물색한다. 그리고 이들은 여름이 되면 여름을 나기 위해 자신들이 지내던 나무숲으로 돌아간다. 이렇듯 머무는 장소를 바꾸지 않는 성향은 새끼를 기를 때도 마찬가지인데, 암컷은 자신이 자란 곳에서 새끼를 키우기 때문이다.

몸의 크기와 후손의 수 사이의 관계는, 박쥐가 다른 작은 포유류들과 얼마나 다른지를 보여주는 또 다른 예다. 작은 동물들은 보통 해마다 많은 후손을 낳는다. 그런데 몸무게가 늘어날수록 후손의 수는 줄어든다. 예를 들어 많은 쥐가 일 년에 여섯 번이나 새끼를 낳고, 매번 여덟 마리까지 낳는다. 그러면 일 년에 새끼를 거의 50마리나 낳을 수 있다! 하지만 암컷 박쥐는 대체로 일 년에 한 번 새끼를 낳는다. 임신 기간은 대략 2개월이며 태어날 때 체중은 어미 체중의 25퍼센트 정도다. 이 점 역시 다른 포유류와 비교하면 많다. 출산을 위해 어미 박쥐는 여기저기 매달리고 꼬리와 뒷다리 사이에 있는 피부로 새끼를 받아낸다. 3주 동안 새끼에게 젖을 먹인다. 이때 어미가 먹이를 찾으러 나가야 되면, 암컷은 새끼를 여러 마리의 새끼가 있는 무리에 맡겨둔다. 암컷 몇 마리가 이들 새끼를 지키는 일을 한다. 이건 그야말로 박쥐들 유치원이 아니고 무엇이랴! 새끼를 맡겨둔 다음에 흔히 수백 마리나 되는 새끼 사이에서 자신의 새끼를 찾는 일은 가히 예술이라 할 만하다. 어미는 이때 새끼들의 소리를 인식해 찾기도 하고, 후각을 이용하거나 장소를 기억하는 것도 중요하다. 어미는 주로 자신의 새끼에게만 젖을 물리며, 만약 새끼가 죽으면 다른 새끼들에게도 젖을 준다. 박쥐의 복잡한 사회구조 때문에 녀석들을 연구하는 사람들은 박쥐 한 마리 한 마리의 개별 특징을 확인하게 되었다.

동물들의 개성을 연구하는 행동생물학의 영역은 과거 연구를 했던 세대들에게만 의심스럽게 보이지는 않았다. 애완동물들에게는 당연히 '자체적인 개성'이 있다고 간주하는 데 반해서, 많은 사람들은 야생동물에게도 개성이 있다고는 생각조차 하지 않는다. 하지만 야생동물을 연구하다 보면, 같은 종인데도 행동할 때 개별적으로 차이가 있다는 사실이 눈에 띈다. 어떤 쥐는 덫 안에 조용히 앉아서 더 나은 기회를 기다리는 반면, 또 다른 쥐는 한눈팔지 않고 출구를 찾는다. 물론 이와 유사한 점을 많이 발견할 수 있다. 개성이란 지속적으로 다양한 상황에서도 반복해 보여주는 행동으로 정의된다. 생태학적으로 중요한 개성이란 예를 들어 아주 위험한 상황에서의 행동(용기 있는/수줍어하는), 새로운 환경에 대한 반응(탐색하는 성향이 강한/소극적인), 혹은 동족과의 관계(공격적/복종적)에서 나타난다. 하나의 개체가 다양한 상황에서도 동일한 반응을 선호한다면, 이는 행동연구에서 개성이라고 부르게 된다.

1993년의 연구에서는 어린 박새를 조사했다. 18주 이상 된 박새들을 대상으로 잘 모르는 환경에서의 반응과 잘 아는 환경이지만 새로운 대상에 대한 반응을 시험해보았다. 이 동물들은 개별적으로 인공나무와 같은 공간에 있기도 했으나, 또 다른 동물들은 열정적으로 탐색을 했고, 모든 것을 탐색하기 위해 이리저리 흥분해 날아다녔다. 또한 어떤 동물들은 수줍게 한 장소에만 머물러 있었다. 이와 비슷하게 동물들이 앉아 있는 막대기 위해 고무 인형을 놓아두자, 용감하게 반응하는 동물도 있었고, 무서워하는 동물도 있었다. 몇 주 간격을 두고서 이들의 행동을 다양한 상황에서 반복하여 검사했다. 그 결과, 개체들은 자신들의 전략을 바꾸지 않았다. 이런 비슷한 실험을 물고기, 우는 새들과 설치류를 대상으로 실시하기도 한다. 2013년에는 이런 반응이 처음으로 박쥐에게서도 나타났다. 작은갈색박쥐들은 특별한 실험 상자에서 항상 동일하게 행동했는데, 탐색에 열중하든가 그렇지 않으면 두려워했다. 자연에서는 모든 것을 용감하게 탐색하는 행동이 한편으로 장점이 될 수 있는데, 이렇게 하여 새로운 먹이나 더 나은 은신처를 발견할 수 있는 까닭이다. 다른 한편으로 탐색 작업은 에너지를 소비해야 하고 또한 위험이 있을 수 있으므로 부정적인 작용이 있을 수 있다. 따라서 집단 차원에서 보면 다양한 개성을 가진 개체가 두루 섞여 있으면 이득이 된다.

수줍어하든 용기가 있든, 현재는 모든 박쥐가 조용하다. 살아 있는 모든 생명이 이 차가운 암흑 속에서 꺼져버렸다는 생각이 들 정도다. 300마리 정도 되는 박쥐가 동굴의 구석에 모여 있는 것이다. 겨울잠을 자는 대부분의 동물들은 둥지를 짓는 데 필요한 재료를 가져와서 외부와 차단이 잘되는 흙구덩이나 나무 구멍에서 겨울을 나는 데 반해, 우리의 박쥐들은 오로지 이 동굴에서만 겨울을 난다. 그것도 냉기를 차단해 줄 둥지도 짓지 않고 차가운 벽에 매달려서 말이다. 겨울잠을 자는 대부분의 다른 동물이 표면적을 줄이기 위해 몸을 동그랗게 말지만, 박쥐는 발을 이용해 벽에 붙어 있으므로 그렇게 몸을 돌돌 말지도 못한다. 따라서 박쥐는 다른 박쥐들과의 신체 접촉이 중요하다. 동굴 벽에 매달려 있는 이 동물들은 푹신한 모피로 이루어진 양탄자를 형성하고 있다. 이제 미니 송신기 덕분에 박쥐들이 겨울잠을 어떻게 자는지에 대한 패턴이 나오기 시작한다. 데이터는 동굴 입구에 설치해둔 측정소에서 받아서 저장된다. 또한 대학생들이 야생동물을 촬영할 수 있는 카메라를 동굴에 매달아놓았다. 그러니 이 작은 동물들이 길고도 척박한 겨울을 이곳에서 어떻게 보내는지 밝혀질 것이다. 앞으로 몇 달 동안 먹이는 전혀 없으므로, 이미 먹은 먹이로 비축해둔 지방으로 겨울을 나야만 한다.

몸을 덥히는 국면으로 에너지를 낭비하는

우리는 4주 후에 이 장소에 다시 왔다. 동굴 입구는 그야말로 얼음과 눈으로 쌓인 층이 담을 이루고 있었다. 우리는 장비를 체크하고 겨울잠을 자는 시즌의 첫 번째 데이터를 내려받아서 마스트 작업으로 전송하려고 이곳에 왔다. 다행인 게 모든 것이 우리가 원했던 대로 진행되고 있어서, 노트북은 데이터로 금방 가득 찼고 곧 다시 돌아갈 수 있게 되었다. 지난달에 박쥐들은 거의 2주마다 겨울잠을 중단하고 낮에 몸을 덥히는 국면에 들어갔다. 이는 매우 놀라운 일인데, 박쥐야말로 밤에만 돌아다니는 야행성 동물인 까닭이다. 여름에는 특히 밤에 활동하는데, 박쥐들은 어두울 때 나방과 같이 날아다니는 곤충을 사냥할 수 있기 때문이다. 이와 반대로 먹이 없이 지내야 하고 항상 어두운 동굴에서 체온을 가능하면 최소한으로 바꾸면서 살아야 하는 지금과 같은 겨울에는, 상황이 전혀 달라진다.

2013년과 2015년에 한 대학생이 발표한 데이터에 따르면, 박쥐는 겨울이 완전히 깊어지면 낮의 리듬을 잃어버리고 매일 낮에 몸을 덥히는 과정에 들어간다고 한다. 중요한 것은, 박쥐가 동굴에 함께 있는 동료들과 동시간대에 행동한다는 점이다. 겨울잠이 끝나갈 즈음이면 이런 상황은 바뀌어서 동료들의 행동이 아니라 해가 지는 시점에 맞추어서 몸을 덥힌다. 이는 박쥐들이 사냥을 시작할 시간을 준비하는 것이다. 하지만 지금과 같은 계절에 그들은 일몰에 상관하지 않아도 되는데, 앞으로 몇 달 동안 동굴에서 나갈 길이 없기 때문이다.

따져보면 정말 말도 안 된다. 그러니까 겨울에 사용하게 될 총에너지의 80퍼센트를 몸을 덥히는 과정에 소비하지만, 이 체온을 올리는 과정은 겨울잠을 자는 전체 시간 중에서 고작 1퍼센트를 차지한다니 말이다! 단 한 번 몸을 덥히는 데 필요한 에너지가 토르퍼 상태에서 60일을 버틸 수 있는 양이라니! 몸을 덥히면서 느끼는 즐거움도 세 시간이면 지나가 버린다. 정상 체온을 유지하는 국면이 너무 짧은 이유는 체온을 올리는 과정이 에너지를 과소비하게 만들기 때문이다. 이 작은 몸뚱이는 섭씨 30도 이상의 온도 차이를 견뎌내야 하는 것이다. 이처럼 가열하려면 아주 많은 에너지가 필요하다. 하지만 이로써 끝이 아니다. 신체의 표면적이 넓은 까닭에 정상 체온 섭씨 37도에서 열을 상실하지 않기 위해 끊임없이 애를 써야 한다. 박쥐는 몸의 표면에서 80퍼센트를 차지하는 커다란 날개로 인해 단점을 안고 있다. 날개 때문에 많은 열을 빼앗기게 되는데, 날개는 크기도 크기지만 털도 없고 피도 잘 통하고 있기 때문이다. 이런 모든 점은 냉기로부터 자신을 보호하고자 할 때 매우 손해가 된다. 하지만 신체가 토르퍼 모드로 전환해버리면, 신진대사는 신속하게 떨어진다. 마침내 몸이 최저 한계치인 동굴의 온도를 쾌적하게 받아들이면, 에너지 비용은 99퍼센트 내려간다. 이렇게 하여 우리의 박쥐들은 겨우내 에너지 절약 모드를 취한다. 추운 겨울이 몇 달 뒤에 사라지고 봄이 다시 찾아오는 것을 나 역시 반대할 이유가 없다.

3

파도, 포도주와 쿠스쿠스아목*

여름인데 겨울

6월이었기에 남부 오스트레일리아는 한겨울이었다. 우리는 겨울잠 가운데 독특한 형태를 연구하기 위해 이곳에 왔다. 이런 겨울잠을 두고, 편의에 따른 겨울잠이라고 부른다. 겨울잠을 자는 대부분의 동물은 계절의 변화가 심한 북반구 지역에서 찾아볼 수 있다. 북반구에 사는 동물들은 기온과 먹이가 심각하게 변하는 조건 속에 살고 있으며, 이런 조건은 매년 비슷하고 그리하여 예측이 가능하다. 번식이라든가 겨울잠과 같은 중요한 시기를 결정하려면, 그처럼 예측이 가능하다면 분명 장점이 된다. 이 지역에 사는 동물들은 대부분 겨울에는 반드시 동면을 해야만 하

* 캥거루목에 속하는 3개의 대형 유대류아목 중 하나—옮긴이.

는 불가피한 겨울잠 동물이며, 특정 계절에 토르퍼를 이용하는 일은 이들 동물들에게는 피할 수 없다. 동물들은 매년 그렇게 하고 있으며, 매혹적일 정도로 정확한 시간에 함으로써 한 개체군에 속한 모든 동물은 몇 주 만에 시야에서 사라진다.

하지만 계절이 큰 변화가 없는 지역은 어떨까? 오스트레일리아에서는 대부분의 생활권이 기온의 차이가 없는 온화한 상태다. 물론 계절이 바뀌면서 최고 온도와 최저 온도의 구분은 할 수 있지만, 이런 구분조차도 미미하고 기온이 영하로 내려가는 일은 없다. 게다가 대부분의 식물은 잎이 떨어지지 않는다. 온화한 기온과 상록수, 이는 작은 포유류들에게는 살기 좋은 곳처럼 보인다. 사실은 그렇지 않은데, 오스트레일리아에 있는 대부분의 생활권은 예측할 수 없는 날씨에 영향을 받고, 그래서 먹이도 제대로 찾을 수 있을지 확실하지 않다. 한 해는 비가 많이 내릴 수 있다. 이와 반대로 이듬해는 몇 달 동안 비 한 방울 내리지 않는다. 날씨가 추워지면 곤충들이 갑자기 줄어든다. 북반구와 비교하면 이곳 날씨는 일반적으로 온화하지만, 예측하기는 더 힘들다. 이 지역에 겨울잠을 자는 동물이 있을까, 있다면 토르퍼는 생존 전략으로 어떤 역할을 할까? 우리는 이런 의문점에 관해 앞으로 몇 달 동안 연구하고자 한다.

우리의 연구 대상은 작은 유대류인 꼬마주머니쥣과(*Burramyidae*)다. 이 가족들은 다섯 종이 있으며, 이들은 오스트레일리아에서만 산다. 우리가 관심을 가진 종은 서부피그미주머니쥐(*Cercartetus concinnus*)로, 특히 오스트레일리아의 서부와 남부에서 발견된다. 오스트레일리아에 사는 대부분의 포유류처럼 이 녀석도 야행성이다. 꽃의 꿀과 곤충이 주식이며, 이들이 주로 찾아 먹는 꽃꿀은 뱅크시아속(*Banksia*)의 덤불에 있다. 기온과 먹이가 일정하지 않고 예측할 수 없는 시기에, 이 작은 유대류는 이곳에서 어떻게 살아남는 것일까? 게다가 이 녀석들이 움직이는 행동반경도 작은 국립공원에 한정되어 있는데, 이 공원은 넓은 목초지와 바다로 포위되어 있다—그러니까 먹이를 찾기 위해 멀리 가는 것 역시 불가능하다. 서부피그미주머니쥐가 생존하는 데 토르퍼는 어떤 역할을 할까? 실험실에서 연구한 결과에 따르면, 이 종은 체온을 조절했는데, 이런 특징은 야외에서 한 번도 실험해보지 않았다. 자, 시작해보자!

아미데일(Armidale)에서 빅터하버(Victor Harbor)까지 차를 몰고 가는 데 이틀이 걸렸고, 빅터하버는 그림 같은 플러루반도(Fleurieu Peninsula)에 있는 애들레이드로부터 남쪽으로 대략 80킬로미터 떨어져 있다. 우리 자동차는 천장까지 들판에서 사용할 장비로 가득 찼다. 이번에는 두 명이 한 팀이었는데, 바로 남편과 나였다. 마침내 목적지에 도착해 물건을 작고 먼지가 날리는 캠핑카에 옮겼는데, 이 캠핑카가 앞으로 몇 달 동안 우리의 집이 될 것이다. 짐을 다 옮긴 뒤에 우리는 곧장 연구할 지역에 대한 첫인상이 어떨지 궁금해 반도의 끄트머리로 갔다.

경치는 탁 트였으며 광야와 덤불로 이루어져 있었고, 뱅크시아에 속하는 덤불들이 압도적으로 많았다. 캥거루들도 이리저리 뛰어다녔다. 국립공원 가운데 지극히 일부만 일반인에게 공개하고 있으며, 공원에는 해변에 인접한 목가적인 캠핑 장소와 몇몇 산책길도 있다. 공원의 나머지 부분은 관광객과 애완동물을 멀리하기 위해 울타리를 쳐놓았다. 우리는 공원 관리소에서 입장 허가를 받고, 공원 안에 설치해둔 큰 대문들

뱅크시아 꽃에 앉아 있는 서부피그미주머니쥐. 이렇게 조그마한 유대류가 편의에 따른 겨울잠을 자는 모습을 보여준다.

가운데 하나 안으로 들어갈 수 있는 열쇠를 받아두었다. 방해받지 않고 동물들을 잡고 측정 도구들을 설치하기 위해 말이다. 축사의 문을 여닫는 일은 얼굴로 날아드는 파리처럼 오스트레일리아의 많은 현장 연구에서 늘 겪는 일이다. 가축들이 이곳저곳 흩어져 있어서 몇 킬로미터씩 울타리가 이어졌고, 커다란 대문들이 그들을 거리와 분리해놓았다. "문을 닫아줘요, 친구!"와 같은 문구들은 행인들에게 부탁하는 말이었는데, 원치 않게 양들이 거리를 돌아다니는 것을 막기 위해서였다. 우리는 다음 날 아침부터 곧장 꼬마주머니쥐로 일을 시작할 계획이었기에 공원을 쭉 살펴보고 싶었다.

젖을 먹이는 유대류

독일 이름으로 '꼬마주머니쥐(Bilchbeutler)'는 겨울잠쥣과〔Bilche(*Gliridae*)〕와 겉모습이 비슷해 나온 이름이다. 겨울잠쥐는 사실 유럽겨울잠쥐나 다람쥐꼬리겨울잠쥐(*Glis glis*)와 같은 잘 알려진 설치류다. 반면에 꼬마주머니쥐는 유대류로, 쥐라는 이름 때문에 오해의 소지가 있으나 설치류와는 먼 혈통이다. 어쨌든 두 종류는 모두 포유류다.

어떤 동물을 포유류라고 할까? 이름에서 알 수 있듯이, 포유류는 다른 동물들과 달리 새끼에서 젖을 준다는 점에서 차이가 난다. 젖을 생산하는 것 외에 털도 독특하다. 털은 포유류의 표피가 지닌 특별한 구조이며, 곤충과 거미와 같은 많은 무척추동물에게서 볼 수 있는 털과 비슷한 큐티쿨라층(cuticula, 딱딱한 구조)과는 구조적으로 다르다. 게다가 포유류는 귀 안에 이소골(耳小骨)이 세 개 있고, 신피질이라 불리는 특정 뇌 영역이 있다.

포유류(Mammalia)는 세 그룹으로 나뉘는데, 진수하강(Eutheria, 眞獸下綱), 유대류(Metatheria)와 단공류(Monotremata)다. 진수하강은 이름에서 알 수 있듯이, 태아를 보살피는 데 사용하는 지극히 세분화한 기관들이 있다. 인간·고라니·고양이·나무늘보·박쥐가 여기에 속한다. 유대류와 단공류는, 포유류라고 말할 때 자주 망각하고는 한다. 생물학과에 입학한 대학생들을 대상으로 하는 첫 강의에서 이런 얘기를 하면 학생들은 깜짝 놀라고는 한다. (놀랍게도 유대류는 태반을 갖고 있는데, 물론 조금 덜 발달한 형태이기는 하다.)

잠시 진화에 관심을 가지면 포유류의 친화력이 드러난다. 완전히 처음부터 시작해보자. 35억 년 전에 최초로 산소를 생산해내는 유기체인 스트로마톨라이트(stromatolite: 얕은 물에서 미생물에 의해 퇴적물 알갱이가 부착되어 고정되고, 이런 것이 여러 층을 이룬 구조물—옮긴이)가 있다. 스트로마톨라이트 덕분에 지구상에서 최초의 동물들이 살아갈 수 있게 되었다(오스트레일리아 서부에서 대략 4000년 전에 살았던 생명체를 감상할 수 있다—가치 있는 여행이 아닐 수 없다!). 최초의 다세포 동물은 대략 10억 년 전에 나타났다. 참으로 오랜 기간 동안 모든 생명체는 물 안에서 활동했다. 4억 년 전쯤이 되자 최초의 동물들이 육지로 올라왔는데, 처음에는 절지동물이 올라왔으나, 나중에는 양서류가 네 다리를 가진 동물 유로는 처음으로 육지에 왔다. 그리고 3억 2000년 전에는 파충류가 생겨났다. 최초의 포유류는 대략 2억 년 전에 나타났다. 이 포유류로부터 대략 1억 6000만 년 전에 최초로 단공류가 나왔다. 진수하강과 유대류는 1억 4800만 년 전쯤에 나온다. 이때부터 포유류는 이 세 종류가 있고, 오스트레일리아는 이 세 종류의 포유류가 함께 살고 있는 몇 안 되는 장소 가운데 하나다. 오스트레일리아에는 270종 이상의 포유류가 살고 있으며, 이 가운데 절반은 유대류이고, 나머지 절반은 진수하강(대략 절반은 박쥐, 나머지 절반은 설치류)과 단공류 두 종류로 이루어져 있다.

유대류는 포유류이며, 이들의 새끼는 짧은 기간에만 어미의 배 속에 있다가 일찌감치 태어난다. 반디쿠트(*Perameles*)는 2주도 채 되지 않아서 태어나는데 모든 포유류 가운데 임신 기간이 가장 짧다. 콩만 한 크기의 새끼는 태어나면 어미의 털가죽을 따라 육아낭까지 기어 올라가야 젖을 먹고 성장할 수 있다.

오스트레일리아 유대류(다른 유대류는 남아메리카·뉴기니·북아메리카에 있다)는 네 가지 목으로 분류된다. 즉 첫 번째는 캥거루목(Diprotodontia)으로, 이 목에는 잘 알려진 캥거루, 웜뱃(wombat: 오스트레일리아의 유대동물—옮긴이)과 코알라(코알라곰은 아니다. 호주 원주민들이 코알라를 토종곰, 코알라곰이라 불렀으나 생물학적으로 코알라는 곰과 무관하다. 고래가 물고기가 아니듯!), 그리고 나무에서 사는 일련의 유대류와 뛰어다니는 동물 50종이 속해 있다. 전통적으로 캥거루에 속하는 세 가지 종류 외에 셀 수 없이 많은 왈라비(wallaby: 오스트레일리아의 소형 캥거루—옮긴이)와 형태와 움직임에서 캥거루를 연상시키는 다양한 크기의 동물도 있다. 두 번째로 주머니고양이목(*Dasyuromorphia*)이 있는데, 이들은 육식 유대류다. 이 목에 속하는 동물로는 태즈메이니언데블(*Sarcophilus harrisi*: 오스트레일리아 태즈메이니아섬에 분포하며, 기분 나쁜 울음소리 때문에 '데블'이 붙게 되었다—옮긴이)이 있으며, 이 동물은 최근에 얼굴에 종양이 생겨서 개체 수가 급속하게 줄어들었다. 그리고 1936년 이후부터 멸종한 것으로 간주되는 태즈메이니아주머니늑대(*Thylacinus cyanocephalus*)가 있다. 그 밖에도 몸에 흰 점이 찍혀 있는 쿠올(Quoll), 곤충을 먹고 사는 80종의 덩치가 작은 '주머니쥐들'이 있다. 이들의 이름으로는 엔테치누스(Antechinus)·두나트(Dunnart)·닝가우이(Ningaui)·플레니게일(Planigale)이 있다. 세 번째로 반디쿠트목(*Peramelemorphia*)이 있는데, 반디쿠트와 빌비(Bilbie)가 이 목에 속한다. 네 번째는 주머니두더지다.

알을 낳는 포유류

태반이나 주머니가 달린 동물들 외에 단공류가 세 번째 포유류 그룹이다. 단공류에는 오리너구리와 짧은코가시두더지가 속해 있다. 생물 수업에서 단공류에 대해 처음 들었을 때를 나는 아직도 생생하게 기억하고 있다. 단공류는 가장 이상한 포유류 그룹이기에 말이다. 이들은 알을 낳는다! 그럼에도 단공류는 새끼가 태어나면 유선에서 나오는 젖을 먹여 키운다.

전 세계에서 유일하게 오리너구리(*Ornithorhynchus anatinus*)를 대표하는 동물은 오스트레일리아의 동부 해변에서 살고 있다. 이 오리너구리의 절반은 물에서 살아서 수달하고 비슷하다. 즉 먹이를 찾고 움직이는 곳은 물이지만, 이와 반대로 보금자리는 둑의 경사진 곳에 있는 마른땅이다. 유럽의 최초 자연과학자들이 박제한 오리너구리를 연구하고 보관할 생각으로 영국으로 보냈을 때, 영국 박물관에서 근무하던 직원들은, 자연과학자들이 환상의 동물들을 조립한 게 아닌가 생각했다고 한다. 그러니까 부리는 오리 같고, 몸뚱이는 수달 같았으며 꼬리는 비버 같았으니까. 게다가 이 동물이 알을 낳고 포유류라고요?

단공류에 관한 생물 수업을 들을 때부터 나는, 야외에서 그런 고생동물을 한번 보고 싶다는 꿈을 꾸었다. 그래서 박사논문을 쓰기 위해 아미데일에 도착했을 때 논문 지도 교수가 공항에서 차를 몰고 가면서, 우리가 자연에서 오리너구리를 볼 수 있을지도 모른다고 말했을 때 나는 정말 가슴이 뛰었다. 지도 교수는 자신의 집에서 몇 킬로미터만 가면 되는 장소에서 오리너구리를 볼 수 있다고 했는데, 나는 장기간 체류할 거처를 마련하기 전에 임시로 교수님 집에서 몇 주 머물 예정이었다. 몇 주 후에 정말 자그마한 개울에서 수영을 하고 있는 오리너구리를 보게 되었다. 이 작지만 기적 같은 동물은 그곳에서 느긋하게 수영을 즐겼고 나는 놀라서 제정신을 차릴 수가 없었다. 이 비밀장소는 동료 한 사람이 낚시를 하다가 발견했다. 그 이후로 나는 자주 이곳에 왔는데, 특히 아무리 말해도 내 말을 믿지 못하는 사람들과 바다를 건너 함께 왔다.

이와 반대로 나는 짧은코가시두더지를 보기 위해서, 대학을 떠날 필요조차 없었다. 왜냐하면 이 야생의 동물은 대학생들 사이에 섞여 있어서 충분히 관찰할 수 있었기 때문이다(코알라나 캥거루, 앵무새처럼. 오스트레일리아 사람이 아니라면 진짜 신난다!). 짧은코가시두더지는 전 세계적으로 네 종이 있다. 그 가운데 하나가 오스트레일리아에 살고 있으며, 네 종 모두 뉴기니에서 찾아볼 수 있다. 오스트레일리아의 짧은코가시두더지는 우리가 흔히 보는 고슴도치가 피노키오 버전으로 커진 모양과 비슷하다. 긴 주둥이는 주식으로 삼는 개미와 흰개미를 잡아먹는 데 매우 쓸모가 있다. 게다가 이 동물은 강력한 발톱을 지니고 있어서 땅을 잘 팔 수 있다. 짧은코가시두더지는 하루의 시간 가운데 12퍼센트를 땅을 파는 데 소비하며 이렇게 해서 파내는 흙은 매년 200세제곱미터가 넘는다. 그 밖에도 짧은코가시두더지는 겨울잠을 멋지게 자고는 하는데, 이에 관해서는 나중에 설명하겠다.

인사하는 고래들

공원에 도착하여 우리는 동료들이 보내준 GPS 좌표를 이용해 포획 구역을 찾았다. 이번에는 손전등이나 그물을 사용하지 않았는데, 대부분의 작은 포유류를 잡기 위해서는 땅에 덫을 설치하고는 한다. 우리형 덫이나 그동안 사용하던 낙하트랩을 이용하면 되는데, 이미 몇 년 전에 다른 과학자들이 낙하트랩을 설치해두었다. 덕분에 우리는 일손을 훨씬 덜게 되었다. 배고픈 고양이로부터 동물들을 지키려면, 땅속 깊숙이 그리고 좁게 파서 덫을 설치해야 한다. PVC로 만든 배수관을 잘라서 사용하면 아주 적절하다. GPS에 따르면 포획 구역이 근처여서 우리는 주차를 했다. 나는 차에서 내리면서 바다에서 들려오는 소리를 들었다. 이보다 더 좋은 작업장이 어디에 있겠는가! 우리는 몇 군데를 살펴본 다음에 그물판 모양의 표지, 즉 땅에 덫이 설치되어 있다는 표시를 발견했다. 다음 주 동안 우리가 연구하기에 충분한 동물들이 잡혀주었으면 좋겠다.

우리는 곧장 캠핑카로 가지 않고 파도 소리에 이끌려 근처 모래사장으로 갔다. 초저녁이었고 막 지고 있는 태양으로 말미암아 모든 것이 분홍색과 담청색을 띠었다. 이런 장면을 구경하는 것만으로도 이곳을 방문할 가치가 있었다! 바다는 지극히 평평했고, 오로지 작은 파도만이 해안에 닿았다(남편은 기꺼이 바닷물 속으로 풍덩 들어가고 싶어 했지만, 그럴 수 없어서 약간 짜증을 냈다). 우리는 바닷가에 앉았고, 나는 모자를 깊게 눌러쓰고 숨을 깊이 들이쉬면서 경치를 한껏 즐겼다. 그런데 갑자기 물에서 뭔가 거대한 것이 움직였고, 우리가 앉아 있는 곳에서 그리 멀지 않았다. 돌고래라고 보기에는 너무 컸다. 고래 한 마리가 여유 있게 분홍색으로 물든 물에서 머리를 들었는데, 바닷물의 밖을 볼 수 있을 정도는 아니었다.

예상치 않게 해변을 방문한 손님은 남쪽에 사는 참고래(*Eubalaena australis*)였다. 이때쯤만 하더라도 우리는 앞으로 몇 달 동안 거의 매일 고래를 보게 되리라는 것을 몰랐다. 15미터 정도의 길이에 80톤의 무게가 나가는 이 참고래는 남극 부근에서 여름 먹이를 먹다가 물이 얕고 좀 더 따뜻한 곳으로 이동해왔다. 이곳은 새끼를 키우기에 적합한 장소로, 물이 얕은 만곡은 굶주린 상어가 접근하지 못하게 한다. 물이 얕으면 얕을수록 새끼들은 더욱 안전한 것이다. 그래서 새끼들이 어미 주변에서 노는 동안에, 어미는 몇 시간 동안 해변에서 몇 미터밖에 떨어지지 않은 물속에 있다. 거의 모든 고래와 마찬가지로 참고래 역시 멸종할 정도로 어획되었으나, 고래잡이가 막을 내리고부터 다행스럽게도 개체 수가 증가해 현재 만 마리 정도가 된다.

이곳에 온 첫날 저녁에 고래와의 만남은 대략 10분 정도 지속되었는데, 나에게는 영원한 시간처럼 여겨졌다. 고래는 우리가 보고 있는 바닷속에서 조용히 머물다가 조용하지만 규칙적으로 자신의 머리를 물 밖으로 내밀고는 했다. 우리는 대화도 나누지 않고 거대한 이 동물의 곁에 있을 수 있는 순간을 만끽했다. 그러다가 마침내 고래는 물속으로 들어갔다.

구멍이 뚫린 땅

이튿날 아침 우리는 일찌감치 포획 구역으로 향했다. 덫은 몇 년 전부터 사용하지 않던 것이어서 제대로 설치를 해야만 한다. 모든 덫 위에 단단하게 고정되어 있는 덮개는, 상대적으로 큰 동물이 구멍에 들어가서 다친다거나 또는 작은 동물이 그 안으로 떨어지는 것을 막아준다. 나는 덮개가 약간 미끄러져 있고 땅에 물이 고여 있는 덫으로 다가갔다. 내가 물을 깡통으로 퍼내려고 덫이 있는 곳으로 약간 숙였을 때, 뭔가 움직였다. 깜짝 놀라서 나는 고함을 질렀다. 아마 개구리일 수도 있다고 생각하고, 그렇게 놀란 나 자신에게 화가 났다. 그런데 이런 반응이 목숨을 구했던 것이다! 조금 더 가까이 다가가서 관찰해보니, 그것은 개구리가 아니라 동부갈색뱀(*Pseudonaja textilis*)이었다. 이 뱀은 물리면 치명적인 독사 목록에서 2위를 차지할 정도로 위험하다.

오스트레일리아에서 사람을 사망에 이르게 하는 뱀과 거미의 출현은 많은 유럽인에게 처음에는 두려워할 존재가 아니라 익숙해져야 할 동물이다. 통계를 살펴보더라도, 그들을 두려워할 이유가 없다. 최근에 발표한 연구에 따르면, 2000년에서 2013년 사이에 이 거대한 대륙에 사는 주민 2400만 명 가운데 동물의 독 때문에 죽은 사람은 64명이었다. 이 가운데 벌과 말벌은 뱀과 마찬가지로 자주 등장한다. 세 명이 해파리 때문에 죽었다. 거미로 인해 죽은 사람은 아무도 없다. 여기에서 흥미로운 점은, 위에 명시한 기간 동안 70명 이상이 말로 인한 사고로 사망했다는 것이다. 그러니 말은 독성을 지닌 오스트레일리아의 모든 육상동물 및

해양동물보다 더 위험하다는 얘기다! 교통사고로 사망하는 사람들은 제외하고. 이 숫자와, 그 어떤 뱀도 사람에게 해로운 짓을 할 의도는 없으며, 오로지 자신을 방어하기 위해 덥석 문다는 사실을 알게 되면, 냉정한 정신을 유지하는 데 도움이 될 수 있다. 물론 뱀을 밟지 않도록 조심해야 한다.

우리는 덫이 제대로 작동하도록 만드느라 몇 시간을 보냈다. 각각의 덫에는 스티로폼을 한 조각씩 깔아두었는데, 심하게 비가 와서 우리가 제때에 덫에 도착하지 못할 경우, 동물이 대피소나 뗏목처럼 사용할 수 있는 까닭이다. 끝으로 우리는 모든 덫을 열어놓고 돌아갔다. 내일 아침 해 뜨기 전에 덫을 보러 와야 한다.

피하지방 조직 대(對) 저장실

캠핑카로 돌아온 우리는 송신기의 눈금을 조정해야 했다. 이곳에는 멋진 욕조가 없어서, 우리는 원하는 온도 섭씨 5~40도를 얼음 조각과 끓인 물을 이용해 맞추었다. 이 일은 꽤나 시간이 들어서 거의 두어 시간은 걸렸다. 우리가 사용한 송신기는 동물들이 덫에서 기어오를 때 방해를 하지 않고서 체온을 측정할 수 있기에 몇 밀리미터 정도 컸다.

앞으로 우리가 어떤 사실을 밝혀낼지를 생각하니 흥미진진했다. 겨울잠을 자는 대부분의 동물은 겨울을 버티기 위해 피하지방 조직이 있다. 이 동물들은 가을에 미친 듯이 먹이를 섭취해 지방을 잘 비축해둬야만 이듬해 봄까지 버틸 수 있는 것이다. 고슴도치와 박쥐 외에 예를 들어 고산마멋(*Marmota marmota*)도 겨울잠 동물이다. 지방을 축적해두는 전략은 가을에 저장실에 마련해두는 종들과 반대인데, 예를 들어 유럽햄스터나 다람쥐속(*Tamias striatus*)들이 저장실을 두고 있다. 후자의 동물들은 많은 양의 먹이를 자신들의 볼주머니 속에 넣어둘 수 있고, 좋아하는 것은 침엽수와 단풍나무의 씨나 도토리와 같은 견과류다. 한번은 교통사고로 죽은 동물의 주둥이 안에서 120개가 넘는 단풍나무 씨를 발견했다는데, 씨는 프로펠러 모양의 잎사귀에 들어 있었다〔가을이면 이 잎사귀들은 아름답게 흔들거리는데 사마라(samara: 날개열매—옮긴이)라고 부르기도 한다〕! 다람쥐의 무게는 대략 100그램으로, 이들은 혼자 살며, 자신의 집은 철저하게 방어하고 결코 집을 떠나지 않으며, 다람쥐가 돌아다니는 영역은 축구장보다 작다. 다람쥐는 일 년 가운데 4개월에서 7개월 겨울잠을 잔다. 토르퍼 사이사이에도 일어나서 지하에 마련해둔 저장실에서 먹이를 먹고는 하며, 이 저장실에는 도토리 수백 개가 저장되어 있기도 하다.

2003년에 과학자들은 정교한 실험을 통해 이 작은 동물의 겨울잠을 야외에서 조사한 바가 있다. 캐나다에는 모든 다람쥐에게 표시를 해둔 개체들이 있다. 이들 가운데 절반은 자신들이 직접 마련한 저장실에서 먹이를 얻고, 나머지 절반은 굴 입구를 나오면 먹이를 담아둔 상자에서 먹이를 가져올 수 있었다. 다람쥐가 몇 시간을 들여 자기 집으로 가져올 수 있는 먹이였다. 바로 이 다람쥐들만(이웃의 다람쥐는 안 됨)이 먹이를 가져갈 수 있었다. 상자에 담겨 있는 먹이는 상당히 영양가가 높아서, 순전히 계산으로만 본다면 겨울잠을 자지 않고 겨울을 날 수 있을 정도였다. 결과는 많은 것을 얘기해주었다. 즉 상자에 담겨 있는 먹이를 부수적으로 이용할 수 있었던 다람쥐들은 다른 그룹에 비해 토르퍼를 50퍼센트만 이용했다! 그 외에도 토르퍼 상태에서도 체온이 심하게 요동치지 않았다. 이러한 결과는, 토르퍼는 주어진 에너지원에 따라서 유연하게 적응할 수 있다는 의미다. 심지어 토르퍼 상태는 동물들에게 단점으로 작용하는 것 같았다.

이 두 가지 전략은 계절에 따른 생활권에 대한 적응을 말해주는데, 피하지방을 축적할지 저장실에 먹이를 저장할지는 몇 주에 걸쳐 계획을 짜야 가능하기 때문이다. 그와 반대로 여기 남부 오스트레일리아와 같은 생활권에서는 먹이가 부족해지는 상황을 간파할 수 없다. 만일 예기치 않게 추위가 닥치는 바람에 곤충과 같은 먹이가 갑자기 고갈되면, 무슨 일이 일어날까? 꼬마주머니쥐는 먹이를 보관하는 저장실을 마련해두지 않는다는 사실을 우리가 알기 때문에, 실험실에서 신속하게 체중을 잔뜩 불리게 할 수 있다. 야외에서 겨울잠을 잘 수 있을 만큼 그들은 짧은 시간 안에 충분히 지방을 비축할 수 있을까? 송신기의 눈금을 표준화하는 작업이 끝났고, 이제 우리의 프로젝트를 방해할 것은 아무것도 없다.

낮 토르퍼에 들어간 유대류

새벽 5시에 자명종이 울렸고, 우리는 해가 뜨기 전에 덫을 살펴보고자 했다. 포획 구역에 도착하자 우리는 각자 덫을 집중적으로 관찰했으나, 개구리 몇 마리만 덫에 걸린 상태였다. 그다음 닷새 동안에도 마찬가지여서, 우리는 좌절할 수밖에 없었다.

이 상황은 내가 박사논문을 쓸 때를 생각나게 했다. 이곳에서 북동쪽으로 대략 500킬로미터 떨어진 메마른 지역에 사는 주머니쥐에 대한 논문을 쓸 때였다. 당시 좌절을 견디는 내 인내심이 정말 혹독한 시험대에 올랐는데, 야외에서 힘들게 작업을 몇 달 한 뒤에야 비로소 동물들을 충분히 잡을 수 있었다. 연구 대상은 살찐꼬리두나트와 길레스플라니갈레로 이들의 낮 시간대 토르퍼를 연구할 계획이었다. 대략 10그램의 무게가 나가고, 작은 곤충을 잡아먹는 야생 유대류는 땅이 갈라진 틈 깊은 곳에 산다. 이 틈은 태양의 열기로 갈라져서 생겨난다. 이들 동물은 겨울잠을 자는 동물이 아니라, 낮에 토르퍼를 이용할 뿐이다.

오스트레일리아에서 낮에 취하는 토르퍼는 무엇보다 곤충을 잡아먹는 주머니고양이목(*Dasyuromorphia*) 사이에 널리 퍼져 있다. 두나트와 길레스플라니갈레는 겨울에 광범위하게 토르퍼를 이용한다. 이들은 대부분의 시간을 땅의 갈라진 틈에서 섭씨 13도를 유지한 채 둔감한 상태로 있는다. 킨체가 국립공원(Kinchega National Park)에서 두나트가 보내는 전형적인 하루는 이러하다. 즉 저녁 6시쯤 두나트는 자신의 집을 떠나서 두 시간가량 곤충과 거미를 사냥한다. 저녁 8시에 토르퍼 상태에 들어가기 시작하고, 다음 날 오전 11시 정도까지 이어진다. 그런 다음에 엄격할 정도로 야행성인 동물에게서 전혀 기대할 수 없는 일을 한다. 두나트는 눈이 부신 낮에 틈에서 기어 나와서, 해가 쨍쨍 비치는 자리를 찾아 그곳에서 편안하게 시간을 보낸다. 처음으로 이런 모습을 봤을 때 나는 내 눈을 의심할 정도였다! 느긋하게 햇볕을 쪼이는 이런 행동을 두고 우리는 배스킹(basking)이라고 하는데, 고양이들이 잘한다. 2008년과 2009년에 나는 동료들과 함께, 두나트와 플레니게일이 토르퍼 체온 섭씨 13.8도 상태로 틈에서 기어 나와 햇볕을 쬐는 모습을 관찰하고 이에 대한 글을 발표했다. 토르퍼 상태의 체온으로 자신을 잘 통제하는 움직임은 참으로 놀라울 정도다. 우리가 그들에게서 측정한 체온은, 포유류가 목표를 향해 전진하는 방향으로 움직일 때 관찰할 수 있는 체온 가운데 가장 낮은 축에 속한다. 햇볕을 쬐며 이들은 정상 온도인 섭씨 36도가 될 때까지 몸을 덥히는 것이다. 이처럼 햇볕을 쬐는 행동을 우리는 규칙적으로 관찰할 수 있었고, 이 작은 유대류에게 이런 행동은 매우 유익한 것 같았다. 하지만 이런 행동을 통해 그들은 안전한 보금자리에서 몸을 덥히는 것과 비교할 때 얼마만큼의 에너지를 절약할 수 있을까?

이를 밝혀내기 위해 나는 토르퍼와 배스킹 사이의 관계를 더욱 세밀하게 조사했다. 주변 온도인 섭씨 15도에서 신진대사를 측정하자, 동물들은 따뜻한 전등 아래에 있는 그늘에서 토르퍼 상태로 들어가더니 이를 통해 몸을 덥히는 에너지의 3분의 1까지 줄일 수 있었다. 이는 야외가 아니라 실험실에서 관찰한 결과다. 토르퍼와 배스킹을 조합하면 동물들은 매일 소모하는 에너지를 그램당 산소 130밀리리터에서 48밀리리터까지 줄일 수 있었다. 이는 60퍼센트 이상 에너지를 절약하는 셈이 된다. 이처럼 실험실에서 얻은 결과는 야외에서 진행하는 실험의 근거가 되었는데, 배스킹으로 동물들은 사냥하는 시간을 많이 줄일 수 있다.

살찐꼬리두나트를 들고 있는 저자, 오스트레일리아 뉴사우스웨일스 서부. 이 종은 토르퍼를 낮에 이용한다.

에너지를 절약할 수 있다는 장점은 더 안전한 보금자리를 떠나 햇볕을 쬐러 나감으로써 다른 동물에게 잡아먹힐 수 있는 위험과 비슷하다. 당시에 나는 동물들을 잡기 위해 들판에서 몇 주 그리고 몇 달을 보냈다. 바라건대 이번에는 그렇게 오래 기다리지 않았으면 한다.

벌벌 떠는 유대류

두 번째 주, 바람이 불던 밤이 지나가자 우리에게 마침내 행운이 왔다.

꼬마주머니쥐가 몸을 돌돌 만 채 첫 번째 덫에 걸려 있었다. 나는 녀석을 조심스럽게 들어 올렸다. 꼬마주머니쥐의 몸이 차갑고 꼼짝도 하지 않는 것이 토르퍼 상태에 있는 게 분명했다. 기다란 꼬리는 딱딱한 달팽이처럼 말려 있었고 귀는 몸에 바짝 붙이고 있었다. 객체가 둥글수록 표면은 좁아지고, 그러면 체온도 덜 잃어버린다—똑똑한 꼬마주머니쥐는 이런 사실을 알고 있는 것 같았고 폭신한 털로 만든 골프공처럼 보였다.

이 동물은 체온을 높이기 위해 근육을 특별나게 떠는 것으로 시작했다—그런 뒤에 뭔가 방해를 감지하고서는 체온을 올리는 과정을 계속 이어갔다. 실제로 유대류는 필요한 온기의 대부분을 근육을 떨어서 생산해낸다. 우리는 자그마한 송신기를 동물의 몸에 이식하고 잠시 후 포획한 장소에 다시 놓아주었다. 다음 주에 우리는 또 다른 동물을 잡아서 송신기를 심을 수 있을 것이다. 그러면 데이터 수신을 시작할 수 있다.

우리는 다음 날 밤에 원격 경로 탐지기를 들고 시간을 보냈다. 그러니까 밤에 꼬마주머니쥐가 공원을 돌아다니는 경로를 추적하는 것이다. 이 동물은 순식간에 이 나뭇가지에서 저 나뭇가지로 올라갔고, 기다란 꼬리는 균형을 잃지 않도록 해주었다. 우리는 송신기를 통해 꼬마주머니쥐의 움직임을 방해하지 않고도 멀리서 추적할 수 있었다. 고슴도치와 박쥐에서처럼, 송신기는 동물의 정확한 위치는 물론 체온까지 알려준다. 행동과 움직임의 반경과 같은 생태학적 측면에 대한 기본적인 데이터 몇 가지를 수집하는 즉시, 우리는 더욱 본질적인 문제에 집중할 수 있다. 즉 토르퍼가 필요한 이유에 대해 설명해줄 체온 측정 말이다.

동물이 머무는 보금자리를 확인하면, 우리는 근처에 측정소를 설치한다. 박쥐와 고슴도치의 경우에도 체내에 심어둔 송신기는 외부에 설치한 측정기보다 훨씬 적은 신호를 내보낸다. 또한 보금자리를 바꾸면, 자동적으로 수신 가능한 위치로부터 동물이 멀어지게 된다. 꼬마주머니쥐는 보금자리를 바꾸는 것을 좋아한다. 그리하여 우리는 매일 국립공원에서 몇 시간씩 돌아다녔다. 동물이 실제로 머무는 집 주변에 측정소를 충분히 설치하고 장치가 작동하게 하느라 말이다. 물론 동물들은 예전의 보금자리로 돌아가고 몇 주가 지나면 우리는 동물들이 좋아하는 장소의 특징을 잘 알게 되어 매일의 과제를 신속하게 진행할 수 있을 것이다. 데이터가 돌아가지만, 현재까지는 토르퍼 상태에 들어갔다는 징후가 전혀 없다.

깃털이 달린 친구들

동물이 송신기가 닿을 수 있는 범위 내에 있는지를 확인하려고 우리는 측정기가 반응할 때까지 기다렸다. 10분마다 측정기가 반응을 하는데, 그러면 햇빛에 잘 보이지 않기 때문에 손으로 작은 컨트롤 램프를 가리고 신호의 리듬이 제대로 깜빡거리는지를 봐야만 한다. 측정기의 반응을 기다리는 동안 우리는 동박새(*Zosterops lateralis*) 그룹을 관찰했다. 이 새들은 잔뜩 긴장한 채 덤불을 돌아다니고 있었다. 회색과 녹색이 섞여 있고 눈 주위에 흰색 동그라미가 있는 이 철새는 봄이 되면 알을 낳을 목적으로 태즈메이니아로 날아온다. 방향을 감지하기 위해 이 철새는 땅의 자장을 이용한다고 한다. 철새가 방향을 어떻게 아는지도 흥미롭지만, 긴 여행에서 먹이가 바뀌는데도 불구하고 어떻게 잘 견뎌내는지 역시 흥미롭다. 새들과 박쥐들의 이주는 흔히 토르퍼와 관련이 있다. 깃털이 달린 동물 가운데 토르퍼의 대가는 바로 벌새(*Trochilidae*)다.

이는 그다지 놀랍지 않다. 이 작은 새는 박쥐처럼 체표면과 몸통의 불리한 비율로 인해 열을 상당히 많이 노출하는 까닭이다. 이들은 따뜻하게 있으려면 신진대사를 많이 해야 하고, 작은 덩치 때문에 지방을 비축할 수도 없다. 게다가 비행은 움직임 가운데 가장 에너지가 많이 들어가는데, 특히 벌새들의 특징인 윙윙 소리를 내며 나는 방식은 에너지 소모가 더 많다. 그럼에도 벌새는 아주 먼 거리를 날아다니고는 한다. 예를 들어 고작 3그램인 갈색벌새(*Selasphorus rufus*)는 매년 멕시코와 알래스카 사이를 날아다니는데, 거리가 3000킬로미터 이상이나 된다! 이들은 토르퍼를 다양한 시간 동안 이용하는데, 이를 통해 체온 가운데 최저인 섭씨 13도까지 낮출 수 있고 토르퍼 상태에서 최대 열 시간을 버틸 수 있다.

지금까지 토르퍼를 이용한 새들 가운데 가장 큰 새는 오스트레일리아에 서식하는 개구리입쏙독새(*Podargus strigoides*)다. 부리가 개구리 입을 닮은 이 새는 하루 종일 꼼짝하지 않고 나뭇가지에 앉아 있을 수 있기 때문에, 지나쳐 가더라도 대부분 알아차릴 수 없다. 개구리입쏙독새는 체중이 350그램이며, 이는 날아다니는 새에게는 좀 무거운 편이다. (심지어 날개 너비가 2미터나 되는 수리조차 5킬로그램이 안 되는데 말이다!) 새들은 토르퍼를 낮에만 취한다. 쏙독샛과 푸어윌(*Phalaenoptilus nuttallii*) 같은 예외는

토르퍼를 이용한다고 확인된 새 중에서 가장 큰 새: 오스트레일리아의 개구리입쏙독새. 이 종은 낮에 토르퍼를 이용한다.

있다.

새들 가운데 유일하게 겨울잠을 자는 이 새는 닷새까지 잘 수 있다. 이 새의 토르퍼는 어떤 특징이 있는 것일까? 캐나다 동료들은 2004년에, 오로지 날아다니는 곤충을 잡아먹는 동물들이 건조한 지역의 혹독한 조건에 적응하려는 행동이 바로 토르퍼일 것이라 추측했다. 쏙독샛과 푸어윌의 겨울잠은 많은 측면에서 모범적인 겨울잠을 자는 동물을 연상시키는데, 그러니까 간헐적으로 몸을 덥히는 과정이나 최저 체온 유지와 같은 점에서 그러하다. 하지만 차이점도 있는데, 예를 들어 푸어윌이라는 새는 겨울잠을 자기 위해 노출된 장소를 찾는다는 것이다.

우리의 꼬마주머니쥐는 덤불이나 땅과 같은 단순한 보금자리에서 산다—그런데 겨울잠을 자야 할 필요가 있을까? 앞으로 몇 주가 지나면 알게 될 것이다. 마침내 측정기에서 반응이 왔다. 모든 동물이 이제 측정 가능한 범위 안에 있다는 뜻이므로 우리는 집으로 돌아가면 된다. 이 말은, 며칠 동안 밤이 추워지기를 바란다는 의미!

쉬라즈 아니면 카베르네 쇼비뇽?

며칠이 지났고 이제 나가서 확인해볼 때였다. 난방이 되지 않는 우리 캠핑카는 온도계는 없지만 거의 얼음이 얼 정도의 기온인 것 같다. 우리는 기침을 해대며 아무것도 먹지 못한 상태로 차를 몰고 해가 뜨는 시각에 탐사 구역으로 갔다. 깜짝 놀란 캥거루들이 급히 우리를 피했고, 하루 중 최초의 햇살이 주변의 목초지 위를 비추었다. 도착하자마자 우리는 맨발로 동물들이 어떤 상태인지 그리고 측정기는 작동하는지 보기 위해 다가갔다. 그 어떤 동물도 그사이 보금자리를 바꾸지는 않았고, 이는 많은 것을 기대하게 해주었다. 우리가 야외에서 생활하는 서부피그미주머니쥐가 토르퍼 상태에 들어가 있을 때의 체온에 관한 데이터를 수집한 게 아닐까?

잔뜩 긴장해 데이터를 내려받았고 마침내 넘어진 나무 위에 따뜻한 햇빛을 향유할 수 있는 편안한 자리를 찾아냈다. 삶은 콩 통조림을 따서 아침 식사로 대용했고, 먹으면서 우리는 체온을 기록한 데이터가 끝없이 이어져 있는 그래픽을 살펴보았다. 당첨! 두 마리가 지난밤에 토르퍼를 이용했다. 다가올 주에 동물들 모두가 보금자리를 바꾸지 않을 것이고 토르퍼 분위기가 더 퍼져나갈 것이다. 우리의 측정기들은 돌발사건 없이 꾸준히 데이터를 수집하고 있었다. 우리 프로젝트는 잘 돌아가고 있었다. 우리는 모든 꼬마주머니쥐를 살펴보고 장치를 조사하기 위해 매일 국립공원에 와야 했지만, 다가올 주에는 작업의 양이 약간 줄어들 것이다. 이 말은, 작업이 아무런 이상 없이 진행되면, 오후에 여기에서 엎어지면 코 닿을 곳에 있는 최상급 포도주 생산지 맥라렌 베일(McLaren Vale: 사우스오스트레일리아주의 주도인 애들레이드 시 남쪽에서 대략 38킬로미터 떨어진 곳에 있는 작은 시골 도시로, 드라이한 레드 와인으로 유명하다—옮긴이)에 갈 시간이 된다는 뜻이다. 1838년 이래로 이곳은 포도주를 생산했으며, 이 지역은 햇볕을 충분히 받은 짙은 색 쉬라즈나 카베르네 쇼비뇽으로 유명하다. 천국이 따로 없다. 랭혼 크리크(Langhorne Creek) 같은 마을에서 사람들은 멋진 정원과 시골풍의 술집에서 여유 있게 와인을 맛볼 수 있다. 고급 치즈와 올리브가 안주로 나올 때가 많으며, 분위기는 편안할 만큼 친절하다. 이보다 더 좋을 수는 없다! 수면 부족, 일찍 잠자리에서 일어나는 고충, 춥고 비좁은 캠핑카, 덤불을 끝없이 걸어 다니는 일, 장치가 고장 나거나 동물이 사라질 때면 느끼는 좌절감—이 모든 것들이 갑자기 사라져버렸다. 우리의 꼬마주머니쥐가 토르퍼 상태에 있는 동안에, 이렇게 살아야만 한다.

4

졸고 있는 영장류

일광욕

여우원숭이는 우리 인간과 유전적으로 놀라우리만큼 비슷하다. 그러나 놀라움은 여기서 그치지 않는다. 우리와 비슷한 행동을 하는 것을 보면 이들이 우리와 같은 영장류라는 사실을 떠올리게 된다. 해가 뜨는 서늘한 아침에 여우원숭이는 일광욕을 즐긴다. 나뭇가지나 혹은 땅에 앉아서 얼굴과 배를 태양 쪽으로 내놓는다—함부르크 시민들이 봄날에 엘베강의 백사장에서 하듯이. 여우원숭이는 마다가스카르섬에만 있으며, 이들 가운데 대표적인 동물은 호랑이꼬리여우원숭이(*Lemur catta*)다. 호랑이꼬리여우원숭이에게는 검고 하얀 원 모양의 꼬리가 있다. 아침에 일광욕을 즐기는 녀석들을 보면 공원에서 책상다리를 하고 요가를 하는—등을 꼿꼿하게 세우고 손바닥을 위로 향하게 한 채 무릎 위에 올려놓은—사람들이 떠오른다. 녀석들은 꼼짝하지 않고 태양을 향해 앉아 있다. 시파카(*Propithecus verreauxi*)와 노란색과 흰색의 털로 덮여 있는 여우원숭이들도 아침에 일광욕을 즐긴다. 이들은 일광욕을 즐기지 않을 때면 이 나무에서 저 나무로 기어가고 폴짝 뛰어가며, 팔을 위로 쭉 뻗어서 두 다리로 옆으로 폴짝 뛰어다니는 모습도 볼 수 있다. 이렇듯 똑바로 서서 뛰어다니는 행동은 우스꽝스럽게 보이고 인간과 비슷한 행동으로 보인다—그래서 그런지 이들의 조상과 인간과의 관계를 둘러싸고 온갖 신화가 난무한다.

호랑이꼬리여우원숭이와 시파카처럼 대부분의 여우원숭이는 주행성이며 채식을 하고, 토르퍼를 전혀 취하지 않는다. 쌀쌀한 밤을 보낸 그들에게 햇살의 온기는 환영할 만하다. 배스킹으로 얻는 에너지는 여우원숭이에게서 증명할 수 없었으나, 아마도 에너지를 절약할 수 있으리라 본다. 예를 들어 호랑이꼬리여우원숭이가 배스킹을 할 때는, 아침 기온이 섭씨 13도 이하가 될 때이고, 섭씨 26도 이상이 되면 일광욕을 멈춘다. 하지만 여우원숭이는 일광욕으로 얻을 수 있는 장점과 이와 관련된 단점을 서로 잘 비교해야만 하는데, 특히 작은 동물이면 그러하다. 이 지역에 있는 맹수 두 종이 특히 여우원숭이를 잘 잡아먹기 때문이다. 보라매종에 속하는 마다가스카르매(*Polyboroides radiatus*)는 나뭇가지로 숨기지 않은 채 공개적으로 일광욕을 즐기는 여우원숭이를 사냥하는 것을 좋아한다. 또 다른 위험 요인은 땅에서 나온다. 포사(*Cryptoprocta ferox*: 삵보다 크고 표범보다 작으며, 귀가 잘 발달했고 털은 부드럽고 가죽이 질기다—옮긴이)의 먹이 절반은 여우원숭이다. 포사는 체중이 12킬로그램까지 나가며 마다가스카르에서 가장 덩치가 큰 맹수로 작은 퓨마를 떠올리면 된다. 포사는 낮이든 밤이든 늘 사냥을 다니기 때문에, 작은 여우원숭이 종은 주행성이든 야행성이든 상관없이 잡아먹힐 위험에 처한다.

우리가 아는 바에 따르면, 여우원숭이들이 토르퍼를 이용하는 경우는 적고, 야행성일 때 이용한다. 지금까지 11종이 토르퍼를 이용하는 것으로 밝혀졌고, 이들은 난쟁이여우원숭이와 작은쥐여우원숭이다. 하지만 실제로 토르퍼를 이용하는 동물은 분명 더 많을 텐데, 대부분의 동물을 아직 조사하지 않았기 때문이다.

영장류가 영장류를 연구하다

함부르크에 있는 연구팀들 가운데 나는 예외적인 존재인데, 왜냐하면 나는 한 번도 마다가스카르섬에 가본 적이 없기 때문이다. 다른 동료들은 거의 모두가 그곳을 제2의 고향으로 삼고 있다. 누군가는 야외 프로젝트를 위해 그곳에 가고 또는 그곳에 지속적으로 거주할 준비를 하러 간다. 동료 카트린 다우스만(Kathrin Dausmann)은 야외에서 겨울잠을 자는 영장류를 연구하는 분야에서 최고다. 철저한 생리학적 데이터를 통해서, 영장류가 야외에서 겨울잠을 잔다는 사실을 최초로 증명한 사람이기도 한다. 그 이후로 그녀는 다양한 종류의 여우원숭이의 생태생리학에 대해 수많은 연구를 한 바 있다. 게다가 수십 년 전부터 마다가스카르의 생태에 대해 연구하고 나아가 100편 이상의 논문을 발표한 '은

색 등'이라는 연구 그룹도 있다. 2016년에는 여우원숭이의 한 종을 이 연구 그룹의 이름을 따서 붙였다! 그렇듯 나는 매혹적인 마다가스카르 동물과 열대 지방에서 겨울잠을 자는 영장류에 관한 연구의 근원에 앉아 있다. 마다가스카르의 여우원숭이는 겨울잠에 대한 흥미진진한 비밀을 숨기고 있으므로 이 책에서 그들의 세계를 다루지 않으면 안 된다. 비록 나는 동물원 밖에서는 유감스럽게도 작은 원숭이를 본 적이 없음에도 불구하고 말이다(그래도 프랑크푸르트 사람으로서 난쟁이여우원숭이와 작은 쥐여우원숭이를 프랑크푸르트 동물원에 있는 야행성동물관에서 자주 보고 감탄할 수 있었다).

행동을 관찰한 결과를 바탕으로 해서 40년 전부터 난쟁이여우원숭이가 겨울잠을 잔다고 알고 있다. 왜냐하면 이 동물은 건기(乾期)가 되면 몇 달 동안 그들의 나무 구멍 속으로 사라지기 때문이다. 하지만 그 누구도 야외에서 이들의 체온은 물론이거니와 신진대사를 측정해본 적이 없다—몇 년 전 동료가 최초로 생태생리학적 현장 조사를 할 때까지 말이다. 열대 지방에서 겨울잠을 잔다는 아이디어는 결코 새로운 게 아닌데(찰스 다윈도 이것을 이미 1845년에 예측했다!), 그럼에도 우리는 이 영역에 대한 지식으로는 시작 단계에 있다. 마다가스카르 원숭이들이 살아남기 위해 사용하는 전략의 결과인 겨울잠 연구를 통해 내 동료는 전 세계를 떠들썩하게 만들었다. 그렇다고 해서 조급해할 필요는 없고 나는 한 단계씩 차분하게 연구에 임할 생각이다.

섬 주민

마다가스카르의 서쪽은 일 년에 8개월은 비가 한 방울도 오지 않는다. 때문에 녹색의 풀밭은 형성될 수 없고, 이곳의 풍경은 붉은색 흙, 헝클어진 덤불과 바오바브나무가 대부분을 차지한다. 내 동료는 오랫동안 지속되는 건기에 서쪽에서 서식하는 살찐꼬리난쟁이여우원숭이(*Cheirogaleus medius*)를 연구한다. 이로써 프로젝트는 두 가지 미지의 것을 탐구하게 되는데, 영장류의 겨울잠과 열대 지방에서의 겨울잠이다.

건기가 아주 길지만 마다가스카르는 열대 지역에 속하는데, 연평균 기온은 대략 섭씨 25도다. 세계에서 네 번째로 큰 이 섬은 다양한 생명체가 사는 섬으로 널리 알려져 있다. 동부 해변은 우림이 압도적인 반면, 서부는 훨씬 건조하다. 서부는 높은 곳에 위치해 있는데, 평균적으로 1000미터 높이에 있으며, 정상인 마로모코트로(Maromokotro)산은 거의 3000미터나 된다. 이 높은 지형은 섬 전체를 남북으로 이어서 일종의 장벽을 만들게 되고, 이로 인해 동쪽에서 생성된 구름이 이 장벽에 이르러 비로 뿌려진다. 이와 같은 방식으로 동쪽에서 서쪽으로 내리는 비의 양은 매년 4000에서 500밀리리터가 된다(독일은 대략 750밀리리터다). 이곳에는 그야말로 전 세계에서 유일한 동물세계와 식물세계가 발달했다. 많은 종이 이 지역에서만 자라고, 따라서 마다가스카르에서만 볼 수 있지 세상의 다른 곳에서는 구경할 수 없다. 1만 2000종의 식물 가운데 거의 1만 종이 이곳에서만 서식한다. 척추동물도 비슷하다. 즉 1000종 가운데 800종이 이곳에만 있다. 이들 대부분이 멸종 위기에 처해 있는데,

마다가스카르섬 열대 건조림의 살찐꼬리난쟁이여우원숭이.

원래 무성했던 초목(대략 섬의 90퍼센트가 한때 숲으로 뒤덮여 있었다)이 그사이 10퍼센트 이하로 줄어들었기 때문! 압도적으로 다수를 차지하는 토착종들과 이들이 받고 있는 위협으로 인해 마다가스카르는 이른바 다양성의 과열점(hotspot)이 되고 있다. 여우원숭이도 의문의 여지 없이 마다가스카르에서 유명한 동물이다.

여우원숭이는 영장류에 속한다. 영장류는 두 가지 목으로 나뉘는데, 곡비원류(*Strepsirrhini*: 동그랗게 말린 코를 가지고 있다는 뜻이고, 예를 들어 여우원숭이가 있다—옮긴이)와 직비원류(*Haplorrhini*)다. 우리 인간은 침팬지와 오랑우탄과 마찬가지로 직비원류에 속한다. 곡비원류는 다시금 여우원숭이와 로리스하목(Loris and Galagos)으로 나뉜다. 후자는 아프리카와 아시아에서 볼 수 있지만, 여우원숭이는 오로지 마다가스카르섬에서만 산다. 인간을 제외하면 여우원숭이는 마다가스카르에 사는 유일한 영장류인 것이다. 흥미롭게도 인간은 이 섬에 살기 시작한 것이 그리 오래되지 않는다. 즉 마다가스카르는 지구상에서 가장 늦은 시기에 인간이 정착한 곳으로 간주된다. 그런데 알고 보면 이 섬은 호모 사피엔스의 근원지에서 엎어지면 코 닿을 곳이다! 이 섬에 사람이 살기 시작한 것은 1000년 전쯤에 인도네시아인과 아프리카의 반투족이 이주를 해서 살기 시작하면서부터다. 그에 따라 마다가스카르섬에 살던 동물들은 오랫동안 인간으로부터 방해를 받지 않고 살았으며, 그래서 이곳에는 아주 다양한 동물이 발전할 수 있었다.

난쟁이여우원숭이를 잡기 위해 열대 건조림에 포획 구역을 마련했는데, 이 구역은 캠프에서 걸어서 충분히 닿을 수 있는 곳이었다. 포획 구역을 가려면 물론 강 하나를 건너야 했지만, 건기에는 강에 물이 하나도 없었다. 우기 때에도 이 강에서 목욕을 하는 것은 상당히 위험한데, 세계에서 매우 큰 파충류의 하나가 이 강에 살기 때문이다. 바로 나일악어(*Crocodylus niloticus*)다. 이 악어는 길이가 6미터나 되며, 강에 빨래를 하러 간 사람들이 희생을 당하는 경우가 다반사다. 하지만 이 지역에는 코아(*Coua cristata*) 혹은 위장을 잘하는 동물들, 이를테면 등이 평평한 거미거북이(*Pyxis planicauda*), 카멜레온(*Furcifer labordi*)과 잎꼬리도마뱀붙이(*Uroplatus guentheri*)처럼 멋진 이웃들도 살고 있다. 야행성인 작은쥐여우원숭이를 잡기 위해 작은 우리 덫(생포 덫으로 부르기도 함) 200개를 사용하는데, 저녁에 포획 구역에 설치하고 아침에 가서 확인한다. 작동은 단순하게 이루어진다. 즉 바나나를 덫에 놓아두는데, 덫의 입구에는 접촉하면 반응하는 발판이 달려 있다. 동물이 바나나 냄새를 맡고 덫 안으로 깊이 들어가면 덫의 문은 자동으로 닫히게 된다. 동물은 약간 놀라기는 하겠지만, 유유히 바나나를 먹고 문이 열릴 때까지 기다리면 된다.

서핑하는 여우원숭이

덫은 새벽에 검사한다. 새들은 이미 기분 좋은 시점이고, 주변에는 백발머리(*Agapornis canus*)라는 새를 자주 볼 수 있다. 독일에서 붙인 이 이름은 이 새에게 적합하지 않다. 왜냐하면 이 새는 예쁘고, 녹색과 흰색을 띤 앵무새니까. 영국 이름인 마다가스카르러브버드(Madagascar love bird)는 훨씬 더 적합하고 매력적인데, 이 종은 일부일처로 평생 사는 것으로 유명하다. 우리가 연구하는 난쟁이여우원숭이와 다른 많은 여우원숭이

종도 평생 함께 살며, 흔히 암컷이 주도권을 쥘 때가 많다.

새로이 포획한 동물을 캠프로 조심스럽게 이송한다. 캠프에서는 동물의 무게를 비롯해 여러 가지를 측정하고 송신기를 목에 설치해둔다. 여우원숭이는 보금자리에서 다 같이 몸을 돌돌 말고 있기 때문에, 쉬는 동안 가슴에 설치해둔 온도계는 신체에 눌려서 동물의 체온을 재게 된다. 이는 열대 지방의 생활권을 연구하는 데 특별히 중요한데, 이곳에서는 정상 온도와 열대 체온이 자주 공존하는 까닭이다. 모든 동물에게는 목걸이 송신기 외에도 개별 인식을 위해 애완동물용 마이크로칩을 이식한다.

늦은 오후에 이 동물들을 다시금 포획 장소에 풀어주게 되고, 그러면 이들은 길을 잃지 않고 그날 밤에 열매나 곤충과 같은 먹이를 찾아 나설 수 있다. 동물들의 포획은 너무 순조로워서 신속하게 이 과정을 끝마칠 수 있었다. 이어서 매일 무선 원격 계측을 이용하는 작업을 시작할 수 있었다. 즉 수신기와 안테나로 동물들의 활동과 체온을 기록하는 일이다. 이들 동물에 관해 아는 게 너무 적으며, 심지어 어떻게 이 마다가스카르에 오게 되었는지도 알려져 있지 않다!

아프리카 대륙과 근접해 있음에도 불구하고—몇 백 킬로미터 넓이의 모잠비크해협이 가르고 있다—마다가스카르는 지구 역사상으로 보면 인도와 오히려 더 가깝다. 이 섬은 아프리카로부터는 1억 2000만 년 떨어져 있지만, 인도 땅으로부터는 8800만 년 떨어져 있다. 6500만 년 전에 운석 하나가 멕시코에 있는 칙술루브(Chicxulub)에 떨어지자 전 세계에서 종의 멸종이 나타났다. 그러니까 모든 동물 가운데 76퍼센트가 멸종했고, 공룡도 이때 멸종했다(익룡은 제외하고). 포유류는 이렇듯 종들이 사라진 생태학적 공백 기간을 십분 이용했고 전 세계적으로 급속히 번져나갔다(다양한 종의 발생). 특징이 유사하다는 점을 고려하면, 포유류는 바로 이 시기 이후에 처음으로 마다가스카르를 발견했다고 추측하는데, 바로 신생대다.

지질학적 자료들에 따르면 여우원숭이는 6000만~5000만 년 전에 섬에 도착했고, 텐렉아과(고슴도치가 속해 있는)는 4200만~2500만 년 전, 맹수들은 2600만~1900만 년 전, 설치류는 2400만~2000만 년 전에 마다가스카르에 왔다. 그렇다고는 하지만, 거주하게 된 방법에 대해서는 아무것도 말해주는 게 없다. 최신 사실들에 따르면 과거에는 마다가스카르와 육지가 연결되어 있었을 것이라는 주장은 매우 불확실하다고 한다. 오히려 육지에 살던 최초의 포유류가 식물로 이루어진 뗏목 같은 것을 타고 지금의 모잠비크해협을 건너오게 되었다고 추정한다. 서핑을 하는 여우원숭이였다고, 정말? 당시의 해류는 서핑하기에 매우 적합했고, 우리는 지금 수십만 년에 걸쳐서 일어난 과정에 대해 이야기하고 있다. 다시 말해, 포유류가 바다를 건너서 이 섬에 도착하게 된 과정이 수십만 년 동안에 한 번만 성공하면 되었던 것이다. 그럼에도 작은 동물이 나뭇가지 따위에 올라타서 바닷길로 400킬로미터 이상 떨어진 이 섬에 도착하여, 이 외딴섬에서 진화의 불꽃놀이를 시작했다는 말은 가히 제정신으로는 할 수 없는 상상이 아닐 수 없다.

토르퍼는 그와 같은 방식으로 섬에 거주할 때 도움이 되었을 것이다. 작은 포유류가 바다 위 출렁이는 뗏목 위에서 몇 주 동안 아무것도 먹지 못한 채 보내려면, 토르퍼와 같이 에너지 절약 모드가 생존에 큰 장점이 될 수 있다. 이와 같은 이론을 비판하는 사람들은 다음과 같은 오류를 지적한다. 동물은 휴식 시간에만 토르퍼 상태에 들어가며, 파도치는 상황은 스트레스를 주기 때문에 토르퍼 상태에 들어갈 수 없다고 말이다. 또한 여우원숭이들의 조상이 6000만 전에 벌써 토르퍼를 이용할 수 있었는지도 확실하지 않다.

갈증을 느끼게 하는 경치

메마르고 물이 부족한 지역에서 동물들은 어떻게 살아남을까? 물은 생존에 반드시 필요하다. 물은 체온조절, 신진대사로 나오는 생산물의 운반, 쓰레기 배설과 같은 중요한 기능을 하며, 다른 원료의 용해제로도 사용된다. 그 밖에 눈에 잘 띄지 않는 기능도 있는데, 눈에 들어오는 빛의 운반과 귀에서 나는 소음의 운반 같은 것이다. 물은 동물 신체의 60~80퍼센트를 차지하고 모든 분자의 98퍼센트를 차지한다. 이렇게 높은 함량을 차지하는 이유는, 물 분자 하나는 지방·단백질·탄수화물처럼 더 큰 분자들에 비해 매우 작기 때문이다. 체내에 있는 물의 대부분은 포유류의 경우에 폐로 호흡할 때 잃게 되고, 혹은 몸의 표면을 통해 증발한다. 동물은 이처럼 물을 상실하면 지속적으로 그에 대한 반응도 해야 한다.

1950년대에 건조한 생활권에서 적응하는 주제와 관련하여 획기적인 연구가 발표되는데, 바로 비교 동물생리학의 아버지라 할 수 있는 크누트 슈미트닐슨(Knut Schmidt-Nielsen)으로부터 나왔다. 그는 자신의 가장 주요한 저서들을 부인 보딜 슈미트닐슨(Bodil Schmidt-Nielsen)과 함께 저술했고, 그녀는 영향력 있는 미국생리학회 최초의 여성 회장이었다. 그 사이 발표된 여러 연구에 의하면, 극단적으로 메마른 생활권에 적응하는 동물들은 물을 마시지 않아도 된다는 것이다! 이런 동물들은 먹이에 들어 있는 수분만으로 살아갈 수 있다. 먹이가 작은 곤충이나 그 밖에 수분이 많은 노획물이 아니라, 수분이 부족한 곡식(지방은 풍부한)일지라도 말이다. 이들 동물은 이른바 세포 호흡 시 체내에서 생산되는 물을 2차 원천으로 사용하는데, 영양분 속의 분자들이 에너지원으로 분해될 때 물 분자 몇 개가 방출되는 까닭이다. 사막의 동물들은 흔히 또 다른 적응 방식이 있으며, 지극히 성능이 뛰어난 신장을 지니고 있다. 이 신장은 고농도의 소변을 만들어서 물의 상실을 최소화한다. 똥 역시 매우 건조하여 낙타의 똥은 그 자리에서 연료로 사용해도 될 정도다! 그 밖에도 특수한 메커니즘이 체표면으로 증발하는 물의 상실을 줄여주기도 한다. 이런 경우에 토르퍼는 중요한 역할을 한다! 오랫동안 토르퍼는 순전히 에너지만 절약하는 메커니즘으로 잘못 알고 있었지만, 사실 물의 사용도 상당히 절약해준다. 토르퍼라는 행동이 갖는 생리학적이고 생물형태적인 적응 외에도 이 행동은 물이 부족한 생활권에 대한 반응으로 바뀌었다. 사막에 살고 있는 대부분의 작은 포유류는 주로 행동하는 시간이 밤이다. 동일한 구역에서 살고 있는 두 가지 가시생쥐속에게서 나타난 점은, 황금가시쥐(*Acomys russatus*)는 이집트의 카이로가시쥐(*Acomys cahirinus*)와의 경쟁을 통해 더위에도 불구하고 낮에 활동을 할 수밖에 없다는 사실이다. 흥미롭게도 두 종은 물의 소비가 동일한데, 이는 주변 환경에 적응을 하고 있다는 암시다.

물이 부족한 생활권은 외온동물에게도 놀라울 정도로 적응하게 만들었다. 예를 들어 개구리는 고치의 보호를 받으며 수개월 동안 메마른 모래에 파묻혀서 살 수 있다. 내가 좋아하는 파충류는 특별히 세련된 방식으로 적응한다. 즉 이 녀석은 발로 물을 섭취한다! 주인공은 바로 오스트레일리아에 사는 도깨비도마뱀(*Moloch horridus*)인데, 개미만 먹으며, 현미경으로 봐야 알 수 있을 정도로 움직이고 가시와 비슷한 옹이들로 뒤덮여 있다. 이 파충류는 정말 발은 물웅덩이에 집어넣고, 피부에 있는 특별한 모세관 시스템을 통해 물을 빨아올려 입으로 운반한다.

3월 말이면 건기가 시작하고 난쟁이여우원숭이는 매일 활동을 줄인다. 4월 초가 되면 토르퍼 과정에서 최초 단계를 시작한다. 대략 2주간의 과도기 동안 이들은 토르퍼를 짧게만 실행한다. 4월 중순이 되면 어른 동물은 여러 날에 걸쳐서 토르퍼에 빠진다. 이와 같은 정보는 자동 측정소 없이도 수집되며, 내 동료는 모든 데이터를 손으로 직접 측정하고는 했다. 낮이건 밤이건 가능하면 많이 측정을 하고자 숲 안에서 생활했다. 모든 것이 데이터 수집에 집중되어 있었고, 나무 두 그루 사이에 달아맨 그물 침대에서 잠시 잠을 청하고는 했다. 그렇게 해서 곧 동물들이 짧은 기간 동안이 아니라 정말 몇 주에 걸쳐서 진행되는 완벽한 토르퍼 상태에 빠지는 것을 알게 되었다. 우리의 프로젝트는 아직도 시작 단계였지만, 이 영장류들이 야외에서 겨울잠을 잔다는 사실이 분명해졌다.

고슴도치가 겨울잠을 자는 상상은 우리에게 익숙하지만, 영장류가 몇 주 동안 토르퍼 상태에 있다는 생각은 왠지 모르게 낯설다. 이런 생각은 다음과 같은 질문을 던지게 한다. 즉 토르퍼는 왜 호모 사피엔스가 속해 있는 직비원류들에게서는 발견할 수 없을까? 어쩌면 우리는 진화 과정에서 스스로 방법을 찾아낸 것일지 모른다. 그러니까 지속적으로 에너지원과 물을 찾아냄으로써 겨울잠과 같은 생존 전략을 우리의 생리학적 구조물에 구축할 필요성이 없었는지 모른다. 이런 이유들은 순전히 추정한 것에 불과하다—어떤 생명체가 이온성 능력을 가지고 있는지 가지고 있었는지에 대해 알려주는 '토르퍼 유전자'라는 건 존재하지 않는다. 하지만 이어서 품을 수 있는 의문점이 또한 중요한데, 이런 의문으로 말미암아 전 세계에서 수많은 연구 프로젝트가 생겨났다. 즉 우리와 가까운 종들이 할 수 있다면, 이런 상태를 우리 인간에게 인위적으로 심어줄 방법도 있어야 하는 게 아닐까?

화성에 가기 위해 필요한 둔감한 상태

겨울잠이 갖는 위대한 기적들 가운데 하나는, 장기들이 장기간의 예외 상황에도 손상을 입지 않고 버틸 수 있다는 사실이다. 예를 들어 장이 갑자기 멈추고, 따라서 장에 서식하는 박테리아들도 오랫동안 먹이를 얻지 못한다. 그럼에도 몇 개월 동안의 저온 상태가 지나면 번개처럼 모든 것이 작동하는 것이다. 장기와 근육은 극단적으로 낮은 산소 공급에도 불구하고 토르퍼 상태를 잘 이겨낼 수 있다. 사람을 치료하는 측면에서도 토르퍼와 비슷한 상태를 인위적으로 만드는 것에 관심이 지대할 수밖에 없다. 왜냐하면 다양한 질병과 사고의 경우에 단시간 동안 산소 공급의 부족이 주요한 문제가 되기 때문이다. 저체온이나 혈액순환의 결함을 치료할 때는 물론이고 장시간 수술을 할 때도 토르퍼 상태는 매우 유용할 것이다. 장기이식을 할 때 온도의 민감성과 조직의 산소 요구량을 낮출 수 있다면, 이는 장기의 보관과 운반에도 긍정적인 효과를 줄 것이다. 독일에서 사망 원인 가운데 가장 빈번한 경우에 도움이 될 수 있을 것 같아서 매우 흥미롭다. 2015년 독일에서는 35만 명이 심혈관질환(특히 뇌출혈, 뇌졸중, 심정지)으로 사망했으며, 이는 모든 사망자의 40퍼센트에 해당한다. 이와 비교할 때 암으로 인한 사망자는 25퍼센트를 차지한다.

병원 밖에서 심장마비 생존 확률은 5~35퍼센트다. 심지어 환자를 성공적으로 살렸더라도 일시적으로 산소가 적게 공급됨으로 인해 입은 뇌 손상은 큰 문제가 되고는 한다. 신체 조직이 따뜻하면 할수록, 더 많은 산소를 필요로 한다. 인위적으로 체온을 낮추어서 산소 요구량을 줄이고 그렇게 하여 치료를 할 가능성도 있을까?

2002년 발표된 한 임상 연구에서는 심장마비를 일으킨 뒤 성공적으로 다시 살아났다가 이어서 코마(coma) 상태로 병원에 입원한 환자들을 대상으로 실험했다. 두 그룹으로 나누어 실험을 진행했는데, 대조군은 표준 치료법에 따라 처치하고, 실험군은 체온을 인위적으로 낮추었다. 코마 환자는 이송 중에는 물론 병원에서도 냉각제로 머리·목덜미·

몸통·사지 등의 체온을 낮추고, 몸이 떨리면서 체온이 올라가는 걸 막기 위해 투약도 했다. 이와 같은 방식으로 체온을 인위적으로 18시간 동안 섭씨 33도로 유지했다. 그 이후 서서히 따뜻해지고 늦어도 24시간 후에는 정상 체온인 섭씨 37도를 회복하게 했다. 대조군은 정상 체온 섭씨 37도를 계속 유지했다. 체온을 제외하고는 모든 조건을 동일하게 처치했다.

결과는 가히 놀라웠다. 체온을 낮춘 그룹은 생존율이 거의 50퍼센트에 달한 반면, 표준 치료를 받은 환자들은 생존율이 겨우 25퍼센트였다. 체온을 강제로 낮춤으로써 생존 기회가 두 배나 높아진 것이다. 하루 동안 차단한 산소 요구량도 신체가 재생하는 데 긍정적인 영향을 미쳤다. 이와 같은 결과는 지난 15년 동안 4500번(!)이나 의학 자료에서 인용되었다. 의학계가 이런 연구에 지대한 관심을 갖고 있다는 증거다.

인간의학 외에 토르퍼 연구에 상당한 관심을 보이고 있는 분야가 있는데, 바로 우주 비행이다. 이미 1960년대에도 우주에서의 임무를 위해 인위적으로 겨울잠을 잘 수 있으면 좋겠다는 꿈을 꾸었는데, 화성까지 가는 데 수년이 걸리기 때문이다. 무엇보다 토르퍼를 이용하는 영장류에 관해서라면, 유럽우주기관(ESA)이나 미국항공우주국(NASA)과 같은 국제 우주여행 조직들이 귀를 기울이고 있다. 2017년 1월 NASA의 보고서는 예를 들어 여우원숭이의 연구를 언급했다. 사람들은 몇 년에 걸쳐서 이루어질 탐험 임무를 수행하는 동안에 인위적으로 토르퍼 비슷한 상태를 만들어냄으로써 필요한 자원을 줄일 수 있기를 바라는 것이다. 이를테면 심리적 부담도 줄이고, 노화 과정도 늦추고, 우주 비행사들이 쬐게 되는 방사선도 줄이기를 말이다. 이런 점은 2015년 연구에서 발표된 부분이다.

의학적인 치료 구상으로, 그리고 화성으로 가는 길에 겨울잠을 자는 우주 비행사에게 인위적인 토르퍼 상태를 이용한다고? 생리학적 관점에서 볼 때 토르퍼가 그와 같은 부분에 사용될 수 있을 것이라며 논의를 한다면, 이는 매우 주의를 요하는 사항이다. 위에서 서술한 저체온 상태를 의학적으로 체온저하법이라 하며 근본적으로 토르퍼 상태와는 다르다. 이 두 가지 상태는 체온과 신진대사를 줄인다는 특징이 있으나, 이런 점에 있어서도 공통점은 이미 없다고 할 수 있다. 토르퍼는 고도로 온도를 관리하는 데 반해서, 체온저하법은 정반대로 체온조절이 안 되는 상태다. 그럼에도 이 두 개념은 전문서적에서 혼용하는 경우가 많다.

실험실 쥐에게 유황 성분이 든 액체를 주입하면 토르퍼와 유사한 상태를 만들어낼 수 있다. 이 성분은 체내에서 열을 생산하는 것을 방해하며, 이를 통해 온도 조절을 할 수가 없고 체온이 내려가는 것이다. 그러다가 몇 시간이 지나서 성분의 효과가 서서히 사라지면 체온은 다시 올라간다. 이와 반대로 토르퍼는 동물의 시상하부에서 몸이 견딜 수 있는 최저치까지 만들어서 저체온이 된다. 그리고 이런 저체온 상태는 체내에서 열기를 만들어내면 언제라도 되돌릴 수 있다. 체온을 내리고 올리는 비율이라든가 최소한의 체온과 같은 특징들은 상당한 차이가 있다. 게다가 쥐는 인간과 달리 이온성 동물이며, 자연에서 토르퍼 상태를 이용할 수 있고 따라서 낮은 체온도 고도로 잘 견디는 능력이 있다는 점을 고려할 필요가 있다. 저체온 동물들로 실시한 실험은 흥미로운 결과를 내놓지만, 이런 결과는 조심스럽게 해석해야만 한다.

인위적으로 저체온을 만들어내는 방법은 의심할 나위 없이 의학적으로 이용할 가능성이 상당히 높다. 우리는 당연히 겨울잠을 자는 동물들로부터 많은 것을 배울 수 있고, 그들이 오랫동안 냉기와 휴지기를 겪으면서도 막·장기·근육 등을 손상시키지 않고 유지할 수 있는지에 대해서도 배울 수 있다. 하지만 인간에게 실제로 토르퍼 상태를 만들어낼 가능성은 상당히 요원하다. 토르퍼 상태에 있을 때 생리학적으로 일어나는 많은 과정은 너무 복잡하고 대부분 이해할 수 없다. 의학적 진보는 물론 원하는 것보다 더 많이 이루어졌으나, 겨울잠 연구의 결과를 응용해 인간의학이라든가 우주여행에 적용하는 일은 건전한 시선을 갖고 현실에서 진행되어야 할 것이다. 다른 영장류에게 적용할 때는 특히 그렇게 해야 한다.

호흡이 가르쳐주는 비밀

내 동료들이 진행하고 있는 여우원숭이 연구의 특별한 점은, 체온뿐 아니라 야외에서 소비하는 에너지도 측정하는 데 있다. 그러기 위해 산소량 소비를 계산하는 방법이 표준이다. 이 측정은 아주 단순한 사실에 바탕을 두고 있는데, 모든 동물은 살기 위해 공기를 호흡하고 이산화탄소를 내뱉는다는 사실이다. 이를 담당하는 복잡한 생화학적 과정들은 체세포에서 진행된다. 혈액은 가스를 분배하는 일을 담당하며, 산소를 준비하고 이산화탄소를 배출하는 중요한 기능은 폐가 한다. 호흡 측정학(respirometry)이라는 방법을 이용하면 동물의 가스 신진대사는 간단하게 측정된다. 동물을 통에 넣는데, 이 통에서 동물은 원할 때 돌아다닐 수도 있다. 통에는 호스가 두 개 있으며, 펌프로 호스 하나에는 공기를 집어넣고 다른 호스로는 공기를 빼낼 수 있다. 그리고 이 통은 항상 정상 기압을 유지한다. 산소 전극판을 이용해 호스로 유입된 산소량과 빠져나간 산소량을 측정한다. 이로부터 나온 차이가 바로 동물이 소비한 산소량이다. 산소 소비는 시간 단위로 주어지며(예를 들어 분당 밀리리터로) 신진대사의 척도다.

이것은 간단하지만 매혹적인 방식으로, 물론 이를 위해 특수한 장치가 필요하기는 하다. 데이터를 해석하기 위해서는 탄탄한 동물생리학적 지식이 요구된다. 측정 자체는 방해가 되지 않아서 동물은 측정하고 있다는 것도 알아차릴 수 없다. 동일한 원칙은 아주 작은 과일벌레뿐 아니라 고라니에게도 이용된다. 동물의 종류에 따라 측정하는 통의 디자인과 공기의 관류량을 조절하면 된다. 이 방식은 대부분 실험실에서 사용하지만, 내 동료는 여우원숭이를 야외에서 측정할 때 사용했다. 난쟁이여우원숭이는 이럴 경우 매우 적절한데, 이들은 보금자리를 작은 나무 구멍에다 짓기 때문이다. 이 나무 구멍은 자연스럽게 측정용 통으로 사용되고 이로써 야외라는 조건에서도 호흡측정법을 사용할 수 있는 것이다.

산소 소비는 주변 환경의 기온에 직접적으로 영향을 받는다. 이는 토르퍼 상태를 이용하지 않는 포유류와 조류에게 해당하는 말이다. 즉 체온과 주변의 온도 사이에 차이가 많이 나면 날수록, 더 많은 온기가 몸

밖으로 빠져나간다. 온기가 몸 밖으로 많이 빠져나가면 나갈수록, 높은 체온을 유지하기 위해 더 많은 에너지를 소모해야만 한다. 시상하부에서 토르퍼를 시작하라는 명령을 내리면, 낮아진 최저 체온에 따라서 체내에서 생산하는 온기는 거의 0으로까지 줄어든다. 이에 따라 산소의 소비뿐 아니라 체온도 급격하게 줄어든다. 동물이 토르퍼를 이용할 때의 체온은 토르퍼 국면 동안에 소비하는 에너지를 직접적으로 결정하게 된다. 토르퍼를 이용하는 동물의 체온은 주변 온도보다 대략 1도가 높다. 때문에 주변 환경의 조건은 에너지 소비에 결정적으로 중요하며 동물의 생존, 특히 겨울잠을 잘 동안에 동물의 생존에 매우 중요하다.

마다가스카르섬의 서부는 가장 추운 6월과 7월의 최저 기온도 섭씨 10도 이하로 내려가는 경우는 매우 드물다. 이와 같은 조건에서 동물들은 토르퍼를 실행해 유용한 에너지를 절약할 수 있을까? 이 질문에 답하기 위해서는 토르퍼를 이용하는 여우원숭이의 에너지 소비를 측정하는 것이 중요하다. 측정 도구와 자동차 배터리는 조사할 동물이 살고 있는 나무의 맨 아랫부분에 놓아둔다. 호스 하나를 나무 구멍(혹은 굴)에서 토르퍼 상태에 있는 동물이 있는 곳까지 끌어 올린다. 그리고 소형 드릴로 보금자리가 있는 부분에 작고 가느다란 구멍을 뚫어서 호스를 집어넣으면 측정하기에 좋다. 이미 우기의 끄트머리 시점이라, 동물들이 먹이를 찾아 나가 있을 동안에, 이런 검사를 할 준비를 완료했다. 이렇게 하면 방해를 하지 않고 쉬고 있는 동물의 머리에서 호흡을 측정할 수 있다.

거의 모든 난쟁이여우원숭이의 체온은 토르퍼 상태에서 하루에도 많이 변하며, 새벽에 대략 섭씨 10도였다가 늦은 오후가 되면 섭씨 35도까지 된다. 늦은 오후의 체온은 몸을 덥히는 국면이 아니다. 보금자리의 기온을 정확하게 측정해보니, 동물의 체온은 주변 온도에 따라 완전히 수동적으로 바뀌었다. 주변의 온도가 높을 때 이용하는 토르퍼는 대단하며 그사이 낮에 토르퍼를 이용하는 종들에게서도 역시 발견되었다. 예를 들어 황금가시쥐와 큰귀박쥣과가 있다. 신진대사를 측정한 결과, 여우원숭이에게서는 이런 온도의 변화가 일어나는 동안 몸을 덥힐 때 전형적으로 나타나는 산소 소비량의 증가가 보이지 않았다(기온 효과를 제외하고). 이렇게 해서 발견된 패턴은 외부와는 차단된 동굴이나 보금자리 덕분에 토르퍼 국면 동안 기온의 변화가 그다지 없는 북반구의 겨울잠 동물들과는 상당히 차이가 난다.

빙하기 시대의 회랑

땅의 크기를 고려해보면 마다가스카르에 서식하는 생명의 다양성은 매우 놀랍다. 게다가 많은 종을 아주 작은 면적에서만 볼 수 있다. 이것을 마이크로 서식지라고 부른다. 즉 종들은 마다가스카르에만 한정되지 않고, 이 섬에서도 아주 좁은 공간에만 서식한다. 마다가스카르에는 여우원숭이가 100종이 있는데, 이 수는 이견이 분분하며 계속 변하고 있다. 새로운 유전적인 방법들로 인해 지속적으로 새로운 종을 발견하는 까닭이다. 예를 들어 세상에서 가장 작은 영장류인 작은쥐여우원숭이는

20년 전까지만 하더라도 딱 두 종류만 있다고 알려졌다. 그런데 2000년에 실시한 연구에 따르면 7종이나 된다는 것이다! 이는 생물 분류학에 혼란을 불러일으키지만, 종을 결정할 때 사용하는 현대적인 방법이 가져온 결과일 뿐이다. 원래 사람들은 종의 체형과 외적인 특징을 바탕으로 동물들을 서술했다. 이렇듯 형태상의 특징이 지극히 중요했던 것이다. 하지만 유전자라는 세계에 시선을 돌리고 나면서부터, 서로 다른 지역에 살지만 외형이 아주 비슷한 동물이 실제로 동일한 종인지 아닌지를 알 수 있게 되었다. 또는 유전자는 공간적인 소외가 진화적으로 더 많은 종이 발생할 수 있게 했다는 것도 말해주었다. 이와 같은 종분화(種分化: 새로운 생물종이 만들어지는 진화의 과정—옮긴이)에서 마다가스카르의 지리적 형태는 결정적 역할을 했다. 폭이 넓은 강들은 높은 곳에서 바다로 쏟아지듯 흘러내리고, 날지 못하는 모든 종에게는 장벽을 만들었다. 이런 자연의 장벽이 생성되면 이어서 수천 년에 걸쳐서 새로운 종이 생겨날 수 있다.

그에 따라 종의 형성과 마이크로 서식지에 대한 고찰은 우리처럼 겨울잠을 연구하는 사람들에게도 흥미롭다. 왜냐하면 종분화로 인해 형태상의 특징뿐만 아니라, 생활권에 잘 적응한 생리학적 특징들도 발달했기 때문이다. 마다가스카르의 여우원숭이들은 기후상으로 비슷한 영역에서 매우 다양한 토르퍼 패턴을 보여준다. 어떤 종은 몇 개월 동안 겨울잠을 자는 데 반해서, 또 다른 종은 하루에 몇 시간 정도 겨울잠을 취한다. 친밀한 동족 사이인 여우원숭이들에게서 나타나는 다양한 토르퍼 패턴은 놀라운 일이며 안타깝지만 지금까지 설명되지 않고 있다.

이와 같은 패턴이 과거의 유물일 수는 없을까? 마다가스카르가 진화의 과정에서 겪을 수밖에 없었던 강력한 기후상의 변화와 지형학상의 변화는 생태계 전체의 이동을 의미한다. 동물들은 추위, 가뭄이나 새로운 먹이가 기다리고 있는 새로운 지역으로 이동하게 되었을 것이다. 이들이 이동할 수 있는 구역은 위에서 묘사한 강에 의해 제한되었고, 이 강줄기는 자연환경에서 일종의 회랑 같은 역할을 했을 것이다. 동물들은 새로운 환경 조건에 적응해야 했고, 이렇게 해야 자신들의 유전자를 후대에 전해줄 수 있기 때문이다. 이런 상상을 한번 해보자. 여우원숭이 그룹이 빙하시대에 물을 쭉 따라가다가 높은 산까지 올라가게 되었다고 말이다. 그곳에서는 낮은 기온과 먹이가 부족한 시기가 오랫동안 지속되는 현상이 지배적이었기에 몇 주 동안 토르퍼 상태를 통해 살아남을 수밖에 없다. 이런 특징은 진화 과정에서 필연적이 되었고 겨울잠을 잘 수 있는 능력이 서서히 이어졌다. 또 다른 여우원숭이 그룹을 상상해보자. 이들은 같은 시기에 강의 다른 편에 서식하고 있다가 위로 쫓기지 않고, 오히려 온화한 영역에 머물 수 있게 된다. 이 그룹은 일시적으로만 먹이와 물의 부족을 견디면 되고 토르퍼 역시 짧게 이용하면 된다. 이와 같은 경우에 낮 토르퍼는 진화 과정에서 동면을 취하지 않는 대신에 선택하게 된 중요한 특징으로 발전하게 된다. 이 두 그룹은 수천 년이 흐르면서 기후가 변하자 다시금 온화한 지역으로 옮아가게 되었으나, 토르퍼 패턴을 그대로 보유하고 있는 것이다. 동료와 내가 2016년에 발표한 이와 같은 이론에 따르면, 우리는 오늘날의 토르퍼 패턴을 진화 과정으로 설명하고자 한다. 이 이론에 대한 증거는 비록 없지만, 하나의 종이 생활권에 적응하는 것을 분석하게 되면, 진화적인 조건을 고려해야 하는 필연성을 암시하고 있다. 현재의 환경 조건에 중점을 두고 있을 때가 너무 많으며, 그래서 종의 생리학적이고 형태학적인 적응을 오로지 현재의 조건에 따라 측정하고는 한다. 이때 과거는 무시되는 것이다. 적응이란 대부분 오랫동안 서서히 진행되는 과정인데도 말이다.

지금까지는 오로지 여우원숭이에 대해 얘기를 했지만, 토르퍼를 이용하는 다른 영장류도 있다. 지금까지 두 종류를 더 알아냈다. 베트남에 살고 있는 피그미늘보로리스(*Nycticebus pygmaeus*)는 토르퍼 시간을 60시간 이상 취한다! 야외에서 조사한 이렇듯 놀라운 결과는 빈의 동료들이 2015년에 발표했다. 이로써 로리스는 마다가스카르가 아닌 다른 곳에서, 며칠 동안 토르퍼를 이용한다는 사실이 입증된 최초의 영장류가 되었다. 아프리카 남부에 서식하는 갈라고(*Galago maholi*)는 주간 토르퍼를 이용한다. 물론 먹이가 매우 부족할 때와 같은 긴급 상황이 벌어졌을 때다. 로리스와 갈라고와 관련된 데이터는, 토르퍼의 전파에 대한 우리의 지식은 여전히 시작 단계에 머물러 있다는 사실을 분명하게 보여준다. 우리 인간과의 친밀성을 고려하면 야외에서 영장류의 토르퍼를 연구하는 일은 특별한 매력을 안겨준다.

2부

깨어남

5

장미 덩굴 속에서 잠자는 숲속의 공주

침통한 분위기

눅눅하면서 춥고 하늘은 잔뜩 흐리고, 1월의 함부르크는 쉽지가 않다. 나는 추위로 인해 몸이 꽁꽁 얼어버린 채 자전거에서 내려 안테나와 수신기를 꺼내보았다. 모든 고슴도치의 위치와 체온을 산출하고, 이어서 측정소에 있는 데이터를 내려받고, 그런 다음에 빨리 대학으로 돌아가야 한다. 이게 바로 내 계획이었다. 고슴도치들은 모두 보금자리에서 깊은 잠에 빠져 있었다. 가장 먼저 측정소를 감춰둔 만병초 덤불 속으로 기어 들어갔을 때, 뭔가 이상하다는 것을 알 수 있었다. 비가 올 때를 대비해 장치를 보호하려고 덮어놓은 비닐이 벗겨지고 없었다. 케이블의 끝부분은 진흙탕에 빠져 있고, 자동차 배터리는 사라지고 없었다. 자전거 자물쇠를 채워놓았는데, 그것으로 충분하지 않은 것이다. 다행스럽게도 값비싼 수신장치는 그대로 있어서 나는 배낭에서 보조 배터리를 꺼냈다. 이것으로 당장 수신기를 연결해 사용해야만 했다. 데이터를 받으려고 했지만, 측정기는 단 하나의 신호도 받아내지 못했다. 수신 가능한 범위에 고슴도치가 한 마리도 없다는 말인가? 검사를 하기 위해 배낭에서 수신기를 가져와 안테나 케이블에 꽂으려고 했으나, 되지 않았다. 나는 믿을 수가 없다는 심정으로 위를 쳐다보았다. 안테나 역시 자동차 배터리처럼 사라지고 없었다. 이런 식으로 반나절을 보내야만 했다. 물건을 다시 챙겨 빽빽하게 우거진 덤불숲 안으로 들어갔다. 자전거 근처에 다가갔을 때 덤불 안에서 죽어 있는 작은 고슴도치 한 마리를 발견했다. 주둥이에 피가 말라붙어 있었다. 쥐약의 독이 분명했다. 유감스럽게도 쥐를 잡기 위한 덫이 고슴도치를 배려하지 못하며, 고슴도치뿐 아니라 다른 야생동물들이 희생당하고는 한다. 나는 대도시에서 일을 해야 하는 신세를 한탄했다. 도시에서 야생동물을 연구하는 일은 흥미롭기는 하지만, 좌절에 빠질 때도 많다.

동물 연구소에 도착해 따뜻한 차 한 잔을 마시며 데이터를 살펴보았다. 걱정했던 것보다 더 끔찍했다. 이미 닷새 전에 장비는 도둑을 맞았고, 그때부터 데이터는 한 점도 들어오지 않았다. 데이터를 상실하는 게 왜 이렇게 끔찍한 일일까? 며칠 동안의 데이터가 없는 까닭에 나는 대략 20시간 동안의 과정, 그러니까 고슴도치가 몸을 덥히는 과정을 완전히 놓쳐버린 것이다. 몸을 덥히려면 에너지가 많이 필요하다는 사실을 바탕으로, 간헐적으로 몸을 덥히는 국면을 알려주는 주파수는 고슴도치가 겨울을 나면서 에너지를 어떻게 관리하는지에 대해 중요한 자료를 제공한다. 나 역시 바로 그 점에 특별한 관심을 가지고 있고!

이 책에서 매우 자주 사용하는 단어가 바로 에너지다. 그럴 수밖에 없는 것이, 에너지란 모든 생명체를 지탱하게 해주는 까닭이다. 식물을 먹는 동물들(초식성)은 동물의 먹이사슬에서 시발점에 서 있으며, 이들은 영양을 섭취할 때 분자의 형태로 에너지를 섭취한다. 그다음에는 곤충을 먹는 동물과 맹수가 뒤를 잇는다. 이때 에너지는 결코 새롭게 형성되는 게 아니고, 늘 변환될 뿐이다—지구상에 있는 동물계 전체와 모든 생명체를 살아 있게 만드는 에너지라는 것은 어디에서 나올까? 1차 생산자(특히 식물)는 살기 위해 다른 생명체가 필요하지 않고, 지구상에서 유일하게 무기물에서 유기체 분자를 생산한다. 물론 식물들은 이런 광합성을 하려면 에너지원이라 할 수 있는 태양이 필요하다.

광합성이라는 매력적인 과정에서 식물들은 색소를 통해 전자기적 에너지를 잡아내고, 이것을 전자기 전달을 통해 화학적 에너지로 바꾸고, 이렇게 함으로써 유기체의 연결 구조에 자극을 준다. 복잡한 과정이 이른바 엽록체 안에서 일어난다. 간단하게 말해서, 식물은 이산화탄소와 물로부터 탄수화물(당)을 만들어내기 위해 햇빛을 이용한다. 이런 일은 거의 마법에 가깝지 않은지! 이를테면 식물은 무기물을 유기물로 탈바꿈시킬 수 있다. 따라서 식물을 1차 생산자라 일컬으며, 모든 생명체는 직간접적으로 광합성에 의지한다(스스로 광합성을 할 수 있는 몇몇 박테리아를 제외하고). 식물에게 저장되어 있는 에너지가 동물의 영양분으로 섭취되고 그렇게 하여 동물의 먹이사슬로 잠입하게 된다.

그 밖에도 광합성 작용이 일어날 때 에너지가 풍부해지는 것 외에 산소가 생산되며, 바로 이 산소를 호흡하며 모든 동물들이 살아갈 수 있다. 광합성이 없다면 지구상에는 동물이 존재하지 못했을 것이다. 광합성의 기본이 되는 생화학적 과정은 참으로 놀랍기 그지없다. 이렇게 말하니 마치 내가 식물생리학을 연구하는 사람처럼 보인다. 어쨌거나 오스트레일리아의 야외에서 진행한 동물의 생리학 연구는 매력 그 자체였다. 다시 실험실로 돌아가지 않았고, 매혹적인 생존 전략을 이용하는 작은 포유류들은 나를 매혹시켜주었다. 그리하여 나는 난방이 잘되는 실험실에서 쾌적하게 차를 마시는 대신에, 이 추운 겨울에도 야외에 나와서 시간을 보내고 있는 것이다.

위험한 대도시

2월 초였다. 아침에 나와 함께 겨울잠을 자는 고슴도치를 연구하는 제자로부터 전화를 받았다. 고슴도치 한 마리를 발견할 수 없다는 내용이었다. 4개월 전부터 이 고슴도치는 깊은 동면 상태에 있었다. 그런데 갑자기 보금자리에서 사라질 수 있을까? 나는 그날의 세미나를 취소하고 원격 추적장치를 챙겼다. 공원에서 만나 우리는 공원을 남쪽과 북쪽으로 나누어서 각각 찾아보기로 했다. 비가 내리는 가운데 나는 영원처럼 느껴지는 시간 동안 고슴도치를 찾아 공원을 돌아다녔다. 자동차를 타고 지나가던 사람들은 절반은 의문스러운 시선으로, 나머지 절반은 불쌍하다는 시선으로 나를 쳐다보았다.

드디어 휴대전화가 울렸고, 나는 좋은 소식을 들었으면 했다. 신호를 발견했다는 반가운 소식이었다. 나는 얼른 자전거에 올라탔고, 4차선 도로를 쭉 따라 내려가니 거대한 건설 현장 앞에 학생이 서 있는 모습이 보였다. 그사이 그녀는 보금자리를 발견했고 체온을 측정하고 있었는데, 추측한 대로 고슴도치는 이미 토르퍼 상태에 빠져 있었다. 편안하게 겨울잠을 잘 장소로는 참으로 독특하지 않을 수 없었다. 널찍한 건설 현장에 있는 컨테이너 밑이라니! 작년 여름에도 다른 고슴도치가 이런 비슷한 장소에서 며칠 동안 머문 적이 있다.

고슴도치처럼 대도시에 사는 동물은 컨테이너 밑에 보금자리를 마련할 정도로 바라는 게 없는지? 아니면 다른 선택을 할 수 없는 것일까? 도시생태학 전문가 동료는 이를 두고 "생태학적 덫이 돼버린 도시"라고 불렀다. 도시는 충분한 먹이, 훨씬 따뜻한 미세 환경과 구조의 다양성으로 동물들을 유혹한다. 하지만 동물들은 도시에서 영양 부족일 경우가 많고 인구 밀도가 높은 까닭에 질병과 기생충이 신속하게 전염된다. 먹이를 얻을 수 있는 장소까지 말이다. 예를 들어 도시에 사는 박새는 훨씬 작고 새끼도 적게 낳는다. 우리 사람들 곁에서 겨울을 잘 난다고 잘못 생각하는 경우도 많다. 실제로 우리가 겨울에 정원에서 보는 박새는 스칸디나비아로부터 온 철새들이다. 도시의 삶이 갖는 장단점을 따져보기란 어렵고, 야생동물에게 사료를 먹이는 행동은 찬반으로 논쟁 중이다. 고려해야 할 사실은, 동물들이 우리 주변에 있다고 하더라도, 그들이 이곳에서 장기적으로 건강하게 번식할 수 있다는 것을 증명해주는 게 아니라는 점이다. 대도시에 살고 있는 고슴도치는 정말 어떻게 지내는 것일까?

그녀가 측정을 하는 동안, 나는 새로 마련한 보금자리 주변에 설치한 측정장치들을 가져왔다. 물론 나는 이곳에서 데이터를 많이 수집할 것이라는 희망을 별로 품지 않는데, 건설 현장에서 무선 전신은 흔히 방해를 받는 경우가 많은 까닭이다. 게다가 고슴도치의 집은 금속 울타리로 둘러싸여 있어서, 신호가 방해받을 수 있었다. 그래도 장치를 설치할 만했다. 대학으로 돌아가기 전에, 나는 다른 문제를 캐보기로 했다. 즉 고슴도치가 보금자리를 바꿔야만 할 특별한 원인이 있었던 것은 아닐까? 이를 알아보기 위해 나는 고슴도치가 지난 몇 달 동안 살았던 정원으로 가보았다. 울타리를 넘어가 관찰했는데 내 의심은 사실로 드러났다. 즉 정원 한가운데에 잎사귀 한 무더기가 쌓여 있었다. 최근에 갈퀴로 긁어모은 것 같았다. 덤불 밑도 깨끗하게 정리되어 있었고, 축축하고 또 검은색인 게 자연스럽지 않았다. 정원 주인은 주말에 정원을 청소한 게 분명했다. 우리의 고슴도치는 보금자리를 잃어버렸지만 다행스럽게도 목숨을 잃지 않았던 것이다. 사람들이 그렇듯 정원을 깨끗하게 청소하다가 동물을 다치게 하거나 보금자리를 잃은 그들이 추운 날씨에 이리저리 방황하게 만드는 경우가 많다.

정원일로 인한 부상과 보금자리 훼손은 도시에 사는 고슴도치가 주로 겪는 수난이다. 나는 지역에 있는 고슴도치 보호소와 공동 작업을 했는데, 자원봉사자들이 대거 지원하는 바람에 매년 고슴도치를 400마리까지 수용이 가능해졌다. 고슴도치 한 마리마다 어디에서 왔으며, 어떤 질병 혹은 부상이 있고, 어떻게 다뤄야 하고 언제 다시 방사를 해야 하는지를 꼼꼼하게 기록했다. 이러한 데이터뱅크에 우리는 제대로 접속할 수 있는데, 3000마리가 넘는 고슴도치에 대한 데이터가 10년 이상 수집되어 있다. 부지런한 대학생은 손으로 적어온 자료를 엑셀에 기입했고 평가도 했다. 보금자리 방해, 정원용 도구들, 잔디 깎는 기계, 잔디 깎는 로봇, 쥐약, 개한테 물리기(조금만 물어도 끔찍한 염증이 생긴다), 울타리, 수직으로 들어가는 창고의 갱도, 딸기 덤불에 쳐둔 망이나 축구 골대의 망, 비닐봉지 …… 대도시에 사는 고슴도치에게 위험한 요소가 될 수 있는 목록은 끝도 없이 길어진다. 여기에 사격, 칼로 찌르거나 축구공처럼 다루는 인간의 공격성도 있다. 살아서 보살핌을 받은 고슴도치에 대한 데이터만 있으므로, 자동차 사고로 다친 고슴도치에 대한 통계는 매우 적다. 대체로 교통사고일 경우에는 죽는 경우가 많기 때문이다.

교통사고로 인한 위험은 고슴도치의 시체를 보고 사망 원인을 조사한 연구를 통해 밝혀졌다. 고슴도치는 위험할 때 몸을 돌돌 마는 게 그들의 전략이다. 자연에서는 이런 전략이 상당히 효과가 있다. 대부분의 맹수는 뾰족한 가시를 보면 깜짝 놀라니까 말이다. 이와 반대로 자동차의 경우에 이런 전략은 효과가 전혀 없다. 네덜란드만 하더라도 매년 10만 마리 이상의 고슴도치가 차에 치인다고 추정한다. 핀란드에서 연구한 결과에 따르면, 사고로 죽은 고슴도치 250마리 가운데 75퍼센트는 인간의 행동으로 인한 것이라 한다. 이 가운데 97퍼센트는 바로 자동차 때문이다. 도로 1000킬로미터마다 죽은 고슴도치 7마리가 발견되었고, 이로써 도로에서 희생되는 작은 포유류들 목록에서 순위가 제일 높아졌다. 교통사고에서 속도 제한은 큰 영향을 주지 않는데, 고슴도치는 시속 30킬로미터 구역에서도 다른 국도에서처럼 사고를 당할 수 있다(물론 운전자가 느린 속도로 가면 고슴도치를 피할 수 있는 기회가 더 많다). 자연적인 사망 원인으로는 절반이 굶거나 병에 걸려서 죽었다.

기생충은 고슴도치를 좋아한다! 신체의 외부에 사는 외부 기생 동물은 도시에서 지나칠 수 없다. 나는 함부르크에서 적어도 진드기나 벼룩 몇 마리 정도 없는 고슴도치는 한 마리도 본 적이 없다. 고슴도치는 진드기들에게 숙소를 제공할 때가 많고, 진드기는 흔히 전염성 병원균을 전달하는 매개체 벡터(vector)일 때가 많다. 하나의 벡터는 바이러스와 박테리아와 같은 병원균을 어떤 동물에게서 다른 동물로 운반하는데, 이때 자신은 병에 걸리지 않는다. 네덜란드의 한 연구소는 도시에 사는 고슴도치를 관찰했고, 이에 따르면 고슴도치 진드기는 특히 다양한 보렐리아증(borreliosis: 나사 형태를 띤 박테리아에 의한 여러 가지 전염병—옮긴이) 병원균을 옮길 수 있다고 한다. 벼룩 역시 벡터로서 활동한다. 즉 독일 도시에 서식하는 고슴도치에서 가장 흔히 찾아볼 수 있는 벼룩은 고슴도치 벼룩(*Archeaopsylla erinacei*: 날개가 없는 외부 기생 동물—옮긴이)이라고 한다. 고슴도치의 똥에서 숙주 내부에서 살아가는 기생충이 확인되었는데, 이를테면 도시 고슴도치에게서 살모넬라가 발견되었다.

정리하자면 고슴도치는 수많은 병원균에게 살 집을 내어주는 동물이다. 물론 이것이 사람이나 애완동물에게 위험할 수 있는지는 알려지지 않았다. 지금까지 나는 고슴도치가 옮긴 병으로 아팠다고 말하는 고슴도치 연구가들을 한 번도 보지 못했다. 야생에서 사는 모든 동물에게처럼 사람들은 고슴도치를 정원과 공원에서 만나면 늘 수동적으로 행동해야만 한다. 법에도 나와 있다. 즉 독일 동물보호법에 따르면, 고슴도치는 특별히 보호하는 동물에 속한다. '고슴도치는 벌이나 다람쥐, 박쥐와 마찬가지로 소유하거나 만지지 말아야 한다. 만일 고슴도치를 포획하거나, 다치게 하거나, 죽이거나 번식을 할 수 없도록 손상을 입히거나, 보금자리를 훼손해 위험에 처하게 하면' 최대 5만 유로까지 벌금을 내야 할 수도 있다. 유일하게 예외는 다치거나/길을 잃은 동물을 도와주거나 연구 목적으로 허가를 받았을 때다!

서류 더미

동물로 작업을 하면 매번 이에 책임이 있는 과학자로부터 동물실험을 위해 작성해야 하는 서류를 받게 된다. 야외에서 어떤 새에게 딱 한 번 고리를 끼우는 일이 되었든, 아니면 의학적 연구 목적으로 항체를 얻기 위해 매일 토끼의 혈액을 채취하는 일이든 상관없다. 시간을 많이 들여서 방대한 서류를 꾸며 제출하면 특수 윤리위원회는 이 서류들을 비판적으로 꼼꼼하게 따진다. 이른바 3R 원칙을 지켰을 때 허락이 떨어진다. 영어로 이 3R은, 대체(replace)·삭감(reduce)·향상(refine)이다. 모든 연구는, 1) 세포 배양이나 컴퓨터 시뮬레이션을 통해 대체할 수 없을 경우에만 동물을 투입한다는 사실을 증명해야 한다. 2) 동물은 최소한으로 이용하고, 그 수에 대해 말할 수 있어야 한다. 3) 향상된 방법을 통해 동물에게 부담을 덜어주어야 한다.

실험에 동물을 투입하는 경우에 비판을 자주 받는데, 나는 이 논란이 분분한 주제를 깊이 파고들 생각은 없다. 다만 사실에 대해 간단하게 말하고 싶다. 즉 2015년 독일에서 실험에 이용한 동물은 280만 마리였고, 이들 가운데 77만 마리가 죽었다. 동물의 친구인 나는 연구를 위해 동물을 투입하는 경우를 가능하면 줄이기를 무엇보다 최고로 바란다. 하지만 다음과 같은 사실을 주지할 필요가 있다. 독일에서는 위에 언급한 2015년에 사람들이 소비할 목적으로 도살한 동물이 7억 7800만 마리가 되며, 이들 가운데 생태를 고려해 키운 경우는 고작 4퍼센트 이하였다. 이런 수에는 물고기와 바다에 사는 다른 동물은 포함되지도 않았다. 따라서 실험용 동물이 죽어나가는 수는 매년 독일에서 죽어가는 동물 가운데 고작 0.1퍼센트를 차지한다. 그리고 실험실에서 동물을 보관하는 조건과 죽일 때 써야 할 보고서는 농업과 생필품 산업에서보다 훨씬 엄격하게 관리하고 적용한다.

동물실험을 위한 허락 외에도 나는, 야생동물을 가지고 작업해도 되고 내 연구 목적을 위해 공공의 공간에 들어갈 수 있으려면 특별한 허가를 받아야만 한다. 필요한 서류를 다 작성해 허가를 받으려면 최소한 반년이 걸리고, 따라서 연구는 절대 즉흥적일 수가 없다. 나는 필요한 서류를 항상 소지하고 다니는데, 이를테면 공원처럼 공공의 땅에 들어가려고 할 때나, 지금처럼 정원 울타리 너머를 염탐할 때다. 이 정원은 청소를 했고, 이런 행동은 고슴도치의 보금자리에 치명적인 결과를 가져온다. 다행스럽게도 우리의 고슴도치는 겨울잠을 계속 잘 수 있는 새로운 보금자리를 발견했다. 이런 경험들은 항상, 우리 주변에 사는 야생동물들이 얼마나 쉽게 상처를 입을 수 있는지를 분명하게 보여준다. 대다수의 동물에게 대도시는 끔찍하거나 살 만한 곳이 아닐 것이다. 전 세계적으로 도시화가 진행되면서 종의 다양성이 줄어들고 있다. 집들이 협곡을 이루는 대도시에서는 적응을 잘하는 동물과 여러 가지 먹이를 다 먹을 수 있는 동물이 유리하다. 고슴도치가 바로 대도시에서 잘 살아갈 수 있는 융통성 있는 종에 속하지만, 그럼에도 우리는 조심스럽게 보살펴야 한다.

오소리는 외출 중

2011년에 프랑스 여러 지역에서 실시한 연구에 따르면, 고슴도치의 개체 수는 시골보다 도시에 아홉 배 많다고 한다. 그렇다면 고슴도치에게 도시는 그렇게 삭막하지 않다는 의미일 수도 있고, 아니면 시골에서 살기가 훨씬 힘들다는 의미? 우리는 시골 생활을 낭만적으로 상상하는 것을 좋아하지만, 사실 시골 생활은 작은 고슴도치에게 아주 많은 역경이 도사리고 있다. 시골의 경치가 완전히 바뀐 것(단작, 울타리가 사라짐, 녹색의 회랑 지대, 영양분으로 섭취하는 곤충) 외에도 고슴도치는 시골에 천적 두 종이 있다. 오소리(*Meles meles*)와 수리부엉이(*Bubo bubo*)다. 오로지 이 두 동물만 몸을 완전히 돌돌 말고 있는 고슴도치를 풀어헤쳐서 가시가 돋지 않은 배 부분을 공격할 수 있을 정도로 힘이 세다. 나는 '오로지'라는 표현을 사용했지만, 그중에서도 오소리는 고슴도치를 제대로 괴롭힐 수

돌돌 말기의 대가: 유럽고슴도치—이런 상태에 있는 고슴도치에게 오소리와 수리부엉이만이 위험 요소가 된다. 개별 동물을 인식하려면 색깔을 이용하면 된다.

있다.

자연환경에서 고슴도치의 개체 수가 줄어들고 있는 이유는 영국과 네덜란드에서는 무엇보다 오소리 때문으로 알려져 있다. 원격장치를 통해 이루어진 다양한 연구에 의하면, 두 종류 사이에 부정적인 연관성이 있다는 것이다. 즉 고슴도치의 개체 수는 오소리가 늘어나면 눈에 띄게 줄어든다. 시골에서 울타리가 고슴도치에게 주는 긍정적 효과는 오소리 공격을 어느 정도 더 잘 막아낼 수 있는 데 있다. 이와 반대로 2012년에 아일랜드에서 실시한 연구에 따르면, 고슴도치에게 더 중요한 것은 오소리가 있다는 사실보다 먹이라고 한다. 고슴도치는 똑똑해 곤충이 아주 많은 장소를 알아낼 수 있으며 따라서 오소리가 많이 출몰하는 지역도 피할 수 있다. 1996년에 실험실에서 아주 흥미로운 검사를 했다. 즉 야외에서 포획한 고슴도치들은 오소리(포식자, 약탈자)와 노루(포식자 아님)의 냄새를 맡게 되면 신진대사 반응을 보였다. 오소리의 체취는 산소의 소비를 증가시켰고, 따라서 고슴도치에게 스트레스 반응을 하도록 만들었다. 흥미롭게도 이와 같은 반응은 2년 동안 실험실에 살게 되자 사라져버렸다. 그러니 장기간 우리 속에 가둬놓는 것은 포식자를 거부하는 반응을 둔감하게 만드는 부정적 효과가 있다.

식육목(食肉目)의 대표인 오소리는 '토르퍼 가족'의 회원이기도 하다. 오소리는 체온을 최저 섭씨 28도까지 내릴 수 있다. 또한 개아목 소속의 줄무늬스컹크(*Mephitis mephitis*)에 관해서는 2007년, 그룹으로 있을 때보다 혼자 있을 때 토르퍼를 더 자주 이용한다는 사실이 드러났다. 토르퍼 국면이 지속되는 평균 시간은 그룹 사이에 특별히 차이가 나지는 않았다(7.8시간 대 5.4시간). 최대 토르퍼 시간은 20시간이며, 최저 체온은 섭씨 26도였다.

시골에는 단작, 부족한 울타리, 살충제와 굶주린 오소리가 있는 반면, 도시에는 자동차, 영양실조와 보금자리 훼손이 있다. 그리고 이런 것들은 위험요소 가운데 몇 가지에 해당할 뿐이다. 고슴도치의 삶은 고달프다. 또한 고슴도치는 도시에서 활동할 수 있는 면적이 그리 넓지 않다. 동물이 평상시에 돌아다니는 면적을 홈 레인지(home range) 혹은 행동권이라고 부른다. 1943년 행동권은, 동물 한 마리가 먹이, 파트너와 보금자리를 찾아서 돌아다니는 영역이라고 정의하고 있다. (활동 지역은 동물이 적극적으로 방어하는 홈 레인지의 일부다.) 홈 레인지를 확인하기 위해 사람들은 송신기를 이용하고 휴식기와 활동기의 위치를 나타내는 숫자를 확인한다. 동물의 종류와 프로젝트의 예산이 충분하면, GPS를 동물에게 부착해 위성으로 위치를 알아낼 수도 있다. 이렇듯 위치에 관한 데이터들을 면적으로 바꾸는 여러 가지 방법이 있다. 가장 흔히 사용하는 방법 두 가지는 100퍼센트 미니멈 블록 다각형(Minimum Convex Polygon)과 95퍼센트 커널 홈 레인지(Kernel Home Range)다. 전자는 가능한 한 멀리 떨어진 외부에서 수집한 모든 위치를 다각형으로 표시하고 이 면적을 계산해 데이터로부터 얻은 점들을 100퍼센트 고려한다. 두 번째 방법은 훨씬 더 보수적이고, 동물이 다시 밟을 수 있는 개연성이 95퍼센트 혹은 그보다 더 높은 면적을 계산해낸다. 따라서 두 번째 방법에 의해 계산한 면적이 항상 더 작다.

예를 들어 덴마크 시골에 사는 수컷 고슴도치의 홈 레인지는 방법에 따라서 96 혹은 74헥타르가 될 수 있다. 암컷과 수컷 사이에도 큰 차이가 있는데, 암컷의 경우에는 26헥타르(혹은 17헥타르)다. 평균적으로 덴마크 시골에 사는 수컷 고슴도치는 하룻밤에 2킬로미터를 이동할 수 있으며, 심지어 최대 3킬로미터도 가능하다. 작은 고슴도치로서는 꽤나 대단하다!

배부른 시기

내가 관찰하는 고슴도치들의 행동권은 현재 훤히 보인다. 고슴도치들은 겨울잠을 자는 동안 최대 세 군데의 보금자리를 이용하고 서로 교환하기도 한다. 물론 고슴도치는 혼자서만 보금자리에 머문다. 우리가 겨울잠을 자는 다른 동물들에게서 봤던 것처럼 보금자리를 나눠 가지는 경우는 고슴도치에게서 일어나지 않았다. 고슴도치는 각자 겨울을 이겨내야 한다. 특히 어린 고슴도치에게 겨울잠은 재앙이 되기도 해서 비축한 지방을 일찌감치 소비함으로써 죽기도 한다. 고슴도치는 겨울잠을 자는 동안 자신의 체중 가운데 20퍼센트 이상을 상실한다. 따라서 겨울 초입에 최저 체중(최소한 확보해야 할 체중)은 살아남을 수 있는 조건이 된다. 만일 고슴도치가 늦여름에 어미가 사는 보금자리를 떠난다면, 체중은 대략 250그램이다. 그러면 이 녀석은 겨울잠 시즌이 시작할 때 충분히 살이 찌려면 신속하게 지방을 많이 먹어야만 한다. 겨울 동안 살아남을 수 있는 최저 체중이 정해져 있지는 않다. 영국에 사는 고슴도치는 450~650그램이 나간다고 한다. 덴마크에서 이루어진 연구에 따르면 최저 체중은 513그램이었다고 하고, 뉴질랜드에서는 300그램, 아일랜드에서는 겨울잠을 자러 가기 전 어린 고슴도치의 체중이 275그램이었다. 보다시피 환경과 어떤 지역의 조건에 따라서 상당한 차이가 있으며 일률적으로 체중을 정하기란 어렵다.

몸 전체를 차단하기 힘든 고슴도치는 겨울잠을 자는 동물들 가운데 특별한 위치를 차지하고 있다. 가시 사이에는 털이 없으며, 이 표면을 통해 많은 열이 발산된다. 털은 다리·가슴·목·배에만 있으며, 배에 있는 털은 엉성하게 분포해 있다. 따라서 고슴도치는 많은 온기를 주변에 빼앗기게 된다. 열 차단이 어렵다는 말은, 고슴도치의 경우에는 지방을 충분히 비축하는 일이 겨울잠을 자는 다른 동물들보다 살아남기 위해 더 중요하다는 의미다. 하지만 지방이라고 해서 모든 지방이 다 똑같은 것일까?

동물은 에너지로 사용할 수 있는 게 두 가지가 있는데, 지방과 탄수화물이다. 신속하게 에너지를 사용하려면 탄수화물이 낫고, 지방은 에너지를 저장할 경우에 더 낫다. 왜냐하면 탄수화물과 비교했을 때 훨씬 가볍고 에너지가 더 풍부한 까닭이다.〔연소점은 1그램당 39 대 17킬로줄(kJ: 1킬로칼로리(kcal)는 4.184킬로줄이다—옮긴이)이다.〕 동물의 체중 1그램당 지방은 당분보다 아홉 배 많은 에너지를 저장할 수 있다!

겨울잠을 잘 때는 거의 지방만 연소하게 되며, 좀더 구체적으로 말해 에너지를 준비하기 위해 산화시킨다. 지방은 지질(lipid, 脂質)에 속하며 지질은 동물의 몸에서 에너지를 운반할 뿐 아니라, 세포막을 구성하는 데 반드시 필요하다. 지질은 이른바 활발한 초산으로 이루어져 있고 이들 가운데 많은 것이 긴 사슬 지방산을 포함하고 있다(탄소 원자의 긴 사슬). 이와 같은 지방산들은 포화지방산과 불포화지방산일 수 있다. 이는 개별 원자들 사이에 화학적 구조의 결합에 따라 결정된다. 즉 우리는 포화지방산에서 단순한 연결을 발견하는 데 반해서, 두 개의 탄소 원자 사이의 이중 결합을 불포화지방산이라 특징지을 수 있다. 생화학을 깊이 파고들지 않고서도, 에너지를 획득하려면 기다란 지방산 사슬을 작은 조각으로 쪼개야 한다는 사실쯤은 말할 수 있다. 이와 같은 조각들은 그 다음의 신진대사 과정, 즉 TCA 회로(tricarboxylic acid cycle)라는 과정으로 진행되는데, 이산화탄소로 산화되면서 에너지가 방출되는 과정이다.

사람들은 전체 과정을 지방산의 베타 산화라고 부른다. 이 과정은 우리 세포의 발전소라 할 수 있는 미토콘드리아에서 진행된다.

고도불포화지방산은 신체에 매우 중요하다. 이것들은 직접 생성될 수 없으며, 음식을 통해 섭취해야 한다〔어유(魚油)에 특히 많이 함유되어 있다〕. 사람의 경우 이 지방산은 심장의 기능에 긍정적인 효과를 발휘한다. 또한 태아와 갓난아기가 발달하기 위해 반드시 필요하며 어머니가 섭취하는 음식을 통해 공급되어야만 한다.

하지만 이것이 겨울잠과 무슨 상관이 있다는 말인가? 아주 상관이 많은데, 불포화지방산은 낮은 온도에서 세포가 기능을 유지하기 위해 결정적으로 중요하기 때문이다. 불포화지방산은 세포막의 유동성을 올려주며, 이는 물질 교환에 필수적이다. 동물의 조직에 있어서 포화지방산과 불포화지방산의 비율은 주변 온도에 달려 있다. 흥미롭게도 지방산은 동물이 먹이를 섭취할 때 적극적으로 영향을 미친다. 즉 실험실에서 주변 온도가 내려가자, 예를 들어 햄스터들은 불포화지방산이 충분히 들어 있는 먹이를 선호했다. 여기서 끝이 아니었다. 동물들이 먹는 지방산의 종류는 토르퍼 패턴에도 영향을 준다! 불포화지방산이 많이 포함된 먹이를 먹은 동물들은 그렇지 않은 경우에 비해 토르퍼 상태를 더 자주 이용하고, 토르퍼 국면도 더 길어지며 이때 체온은 더 낮다. 이와 같은 영향은 겨울잠은 물론 낮에 취하는 토르퍼에서도 증명할 수 있었다.

토르퍼 상태에서 이런 영향은 어떻게 나타날 수 있으며, 세부적으로 어떤 영향을 주는지는 아직까지 알려져 있지 않다. 다만 고도불포화지방산은 낮은 온도에서 심장의 능력을 유지해주는 데 결정적으로 중요하다는 사실을 추측할 따름이다. 따라서 우리의 고슴도치는 오로지 불포화지방산만 가득 저장해야 한다. 그래야 토르퍼 상태에서 체온이 낮아지더라도 심장이 제대로 뛰고 긴긴 토르퍼 상태에서 깊이 겨울잠을 잘 수 있다!

태양에 유혹되지만—모두가 그렇지는 않아

3월 중순이었고, 새해 들어 처음으로 온화하고 구름 한 점 없는 일요일은 태양에 굶주린 수백 명의 사람들을 엘베강 변으로 유혹했다. 우리 앞에는 즐겁게 떠드는 아이들, 짖는 개들, 수다를 떠는 부모들, 땀을 흘리며 조깅하는 사람들, 사랑에 빠진 연인들, 무리를 지어 있는 청소년들이 놀라울 정도로 북적댔다. 함부르크 시민도 있고 관광객도 많았다. 떼를 지은 사람들은 구도시 시가를 따라서 쭉 걸어갔으며, 엘베강 변에서 모래성을 쌓을 수 있는 적당한 자리를 찾았다. 혹은 물가에 있는 레스토랑에서 생선을 넣은 빵을 즐기고자 하거나, 봄을 맞이하여 알테스란드(Altes Land: 엘베강 남쪽의 산책할 수 있는 구역—옮긴이)에 인사를 하기 위해 자전거와 함께 탈 배를 기다리기도 했다. 유람선의 출발을 알리는 소리가 들려왔고 항구 맞은편에는 수도 없이 많은 알록달록한 컨테이너가 겹겹이 쌓여 있어서, 레고를 떠올리게 했다.

나는 안테나와 수신기를 지참하고서 기쁨에 넘친 무리를 뚫고 지나갔는데, 이들은 어리둥절한 시선으로 나를 쳐다보았다. 이날 나는 이중으로 지원을 받고 있었다. 즉 내 뒤에는 남편이 딸아이를 목말 태워서 따라오고 있었다. 딸아이는 아빠의 어깨 위에 앉으니 훤히 다 보여서 좋아했으며, 오스트레일리아에서 짐을 나르던 나귀를 조종하듯 아빠의 귀를 잡아당기며 방향을 가리켰다. "아빠, 이 길이야, 아니, 저 길로 가야 해!" 나는 주변이 엄청 시끄러웠지만 송신기의 신호를 들을 수 있는 수신기의 마이크에 귀를 바짝 대고 있었다. 신호는 점점 더 크게 들렸고, 사람들이 지나다니는 보도 바로 곁에서 1미터 정도 떨어진 곳에서 보금자리를 발견했다. 사람들이 나뭇가지와 잎사귀로 덮여 있는 자그마한 더미에 관심을 갖지 않도록 나는 보금자리에서 몇 발자국 더 갔다. 이 암컷 고슴도치는 이런 소음에도 그다지 신경을 쓰지 않는 것 같았다. 이곳에 예쁘고 따뜻한 보금자리를 마련했는데, 보도는 차도보다 약간 높은 곳에 깔려 있고 이로 인해 만들어진 경사는 엘베강 남쪽을 향하고 있었기 때문이다. 암컷 고슴도치는 이를 통해 햇빛을 이용할 수 있고, 이로써 몸을 덥히는 시간을 줄이고 겨울잠을 자기 위한 에너지를 아낄 수 있는 것이다.

포유류와 조류의 총에너지 가운데 이를 절약하는 부분에 관해 얘기를 하면, 우리는 흔히 기본 상태와 비교해 분석하고는 한다. 동물의 에너지 수요는 기본 상태에서 가장 적게 들어가며(토르퍼 상태는 제외하고), 이를 기초대사율이라 한다. 동물은 이때 소화, 움직임이나 번식을 위해 에너지를 전혀 소비할 필요가 없고 단지 특정 주변 온도에 있으면 된다. 동물의 실제 에너지 소비는 기초대사율과는 상대적으로 서술된다. 기초대사율은 비교를 위해 고정된 크기로 사용되는 것이다. 즉 '토르퍼 상태에서의 에너지 소비는 기초대사율 때와 비교할 때 x배다'라는 식으로 말이다. 기초대사율은 다양한 종들 사이를 비교할 때 매우 적절한데, 양에 대한 조건이 엄격하게 정해져 있고 그리하여 결과는 반복될 수 있는 까닭이다. 2000년에 거의 500마리의 동물을 분석한 결과, 건조한 지역에 사는 동물은 온난한 지역에 사는 동물에 비해 기초대사율이 낮다고 나왔다. 주변 환경이 예측할 수 없는 생활권에 사는 동물들은 예측 가능한 곳에 서식하는 동물에 비해 기초대사율이 더 적었다. 전자의 동물에게는 활동이나 정상 체온 없이 단순히 살아남는 것이 기본 상태이며, 이것은 상대적으로 에너지가 덜 든다.

동물이 자신의 기초대사율을 소비하는 주변 온도의 영역을 일컬어 온열중성대(thermoneutral zone)라 한다. 이 영역에서 정상적으로 생명을 유지하는 신진대사 과정은 정상 체온을 계속 유지하기 위해 부산물인 열기를 충분히 방출한다. 따라서 부차적으로 신체를 따뜻하게 유지하거나 냉각시키기 위한 에너지는 필요 없다. 온열중성대는 다양한 종들 사이에서 차이가 난다. 남극에 사는 펭귄은 대략 섭씨 영하 10도에서 섭씨 20도에 놓여 있다. 이들 동물은 차단을 너무나 잘해서, 섭씨 영하 10도 이하가 되면 스스로 체온을 보호하기 위해 신진대사를 더 이상 높이지 않아야 한다. 흥미롭게도 어떤 종은 일 년 내내 온열중성대를 옮길 수도 있다. 예를 들어 시베리아와 몽골에 서식하는 중가리아햄스터는 계절에 따라 적응을 한다. 이들은 겨울에 주변 온도 섭씨 20도에서 온열중성대에 이를 수 있으며 여름에는 26도다. 이처럼 일종의 '속임수'를 통해 신진대사는 훨씬 추운 온도에서도 기초대사율을 진행하며, 이로써 에너지를 상당히 많이 줄일 수 있다.

기초대사율이란 부자연스러운 측정 단위라고 지적하는 비판가들이 있다. 자연에서 사는 동물들이 이런 상태에 있는 경우가 매우 드물기 때문에 말이다. 주변 온도는 대부분 온열중생대 이하에 있으며, 동물들은 먹이를 찾으러 다니거나 소화시키는 일에 집중하고, 포식자를 피해 도망을 치고, 교미할 대상을 찾거나 새로운 보금자리를 찾는다. 따라서 기초대사율은 일상에서 생활하는 동물을 반영하는 단위가 아닌 것이다. 그럼에도 비교 동물생리학에서 다양한 동물 그룹을 비교할 때 기초대사율은 없어서는 안 된다. 이런 단위를 사용하는 목적은, 동물들이 살고 있는 현실에 대한 시각을 상실하지 않고서 필요한 표준화된 비교를 할 수 있기 위해서다. 일상에서 맞닥뜨리는 삶의 조건들은 체온을 조절하는 동물의 능력에 큰 영향을 미치는 까닭이다.

아프리카의 벌거숭이뻐드렁니쥐(*Heterocephalus glaber*)는 이와 관련해 인상적인 본보기가 될 수 있다. 털이라고는 하나도 없는 이 설치류는 오로지 땅 밑에 있는 굴에서만 사는데, 이곳에서 큰 집단의 경우에 60~100마리가 모여 살며, 암컷 한 마리가 번식을 담당한다. 이렇듯 특수하고 작은 서식지의 주변 온도는 언제든 섭씨 29~31도다. 동물들은 진화하면서 이런 환경에 너무나도 적응이 잘되어 있고, 그러다 보니 체온을 조절하는 능력을 완전히 상실하고 말았다. 이들 가운데 한 마리를 골라서 섭씨 14~37도에 놓아두면, 이 녀석의 체온은 주변의 온도에 상응하여 파충류나 또 다른 외온동물처럼 행동하게 된다! 이 포유류는 내온동물의 능력을 완전히 상실해버리는데, 생활권에서 불필요하기 때문이다.

이제 다시 체온 조절 전문가인 우리의 고슴도치로 돌아가자. 나는 가족과 함께 화창한 일요일을 고슴도치를 찾아다니면서 보냈다. 햇볕이 잘 드는 경사면에 측정소를 설치한 다음에는 혼자서 계속 찾아 헤맸다. 지난주에 엘베강 변의 외벨괸네(Övelgönne) 앞뜰에 보금자리를 마련한 수컷 한 마리였다. 하지만 오늘 나는 그곳의 위치를 파악할 수 없었다. 시골에 사는 고슴도치들은 지금과 같은 계절에 보금자리를 옮기는 것을 좋아하므로, 크게 걱정하지는 않았다. 하지만 더 큰 안테나로 좀더 효율적으로 작업하기 위해 나는 가파른 계단을 올라갔다.

대도시에 사는 나의 고슴도치들은 겨울잠을 얼마나 오랫동안 잘까? 시골에 서식하는 고슴도치는 유럽 내에서도 동면 시간이 매우 차이가 난다. 덴마크에서는 198일이며, 온화한 날씨인 아일랜드에서는 149일에 그친다. 심지어 같은 구역 내에서도 편차가 심한 경우가 많다. 즉 아일랜드에서 겨울잠을 잔 고슴도치가 보금자리를 최초로 떠나는 시기는 3월 말인 데 반해서, 보금자리에서 제일 마지막으로 떠나는 고슴도치를 보려면 5월 중순까지 기다려야 한다! 내가 연구하는 고슴도치의 경우, 먹이가 풍족한 '따뜻한 도시 속의 섬'에 살고 있다는 사실을 고려한다면, 시골에 사는 고슴도치보다 더 짧게 겨울잠을 잘 것이라는 계산을 할 수 있다. 어쩌면 내가 찾는 수컷은 겨울잠을 자던 보금자리를 바꾼 게 아니라, 완전히 끝낸 것이 아닐까?

엘베강 변의 위쪽에 도착해 나는 다행스럽게도 고슴도치들이 내는 소리를 알아차렸다. 소리들 사이의 긴 간격을 통해 고슴도치가 토르퍼 상태에 있음을 알 수 있었다. 아직 겨울잠을 끝낸 것이 아니었다. 고슴도치는 엘베강이 내려다보이는 멋진 빌라의 정원으로 보금자리를 옮겼던 것이다. 전혀 나쁜 선택이 아니었다. 강변은 사람이 많아서 이 가시 달린 동물에게는 그다지 좋은 환경이 아니었다. 유감스럽게도 나는 위치를 정할 수 없었는데, 빌라 주인이 안테나를 들고서 초인종을 누르는 나를 의심해 문을 열어주지 않았기 때문이다. 대부분 그렇게 행동하고는 한다. 그래도 문제 될 게 없고, 나는 두터운 담장 밖에 측정장치를 설치할 적당한 자리를 발견했다. 빌라가 서 있는 땅 옆에 덤불이 있었고, 나는 이 덤불 뒤에 장치를 숨겼고, 덤불 가지 위에 안테나를 고정하고는 데이터가 송신되기를 빌었다! 그런 뒤에 약속한 대로 감자튀김과 아이스크림을 사서 남편과 아이가 있는 화창한 엘베강 변으로 합류했다.

겨울잠 뒤의 삶

5월 초순이었고 마침내 함부르크도 다시 녹색을 띠었다. 태양은 엘베강 위에서 빛났고 항구에 있는 파란색 크레인들은 빛나는 파란 하늘 위로 우뚝 솟아 있었다. 가시 돋친 우리 친구가 주로 먹는 곤충들도 돌아왔다. 일반적으로 고슴도치는 좋아하는 먹이가 있는 게 아니며, 이런 점이 진화 과정에서 장점으로 작용했을 수 있다. 고슴도치가 먹는 곤충의 종류를 보면 어떤 곤충이 나타나는지를 볼 수 있다. 따라서 고슴도치는 먹기에 더 좋은 곤충을 찾기 위해 어떤 곤충을 내버려두지는 않는다.

고슴도치가 좋아하는 먹이는 딱정벌레목이며, 특히 딱정벌렛과 곤충들이다. 다른 종류의 곤충들과 그들의 애벌레, 거미, 다양한 종류의 지렁이나 달팽이도 역시 잘 먹어치운다. (동화책에서 고슴도치가 사과를 먹는 그림을 자주 발견하는데, 나에게는 수수께끼가 아닐 수 없다! 노란색 부리를 달고 있는 까마귀처럼.) 수컷과 암컷 사이에 차이는 없으며, 다만 나이에 따른 차이만 있다고 1988년 시골 고슴도치에 관한 보고가 얘기하고 있다. 즉 고슴도치는 나이가 들수록, 거미와 집게벌레는 덜 먹고 딱정벌레목과 달팽이를 더 많이 먹는다.

이와 반대로 도시 고슴도치의 경우를 2016년에 연구한 결과에 따르면, 도시라는 생활권이 먹이에 상당히 영향을 준다고 한다. 즉 모든 동물의 90퍼센트 이상이 사람이 먹는 음식을 소비했다. 생선과 우유가 눈에 띄게 많았다(고슴도치는 젖당을 소화시키지 못함에도 불구하고). 그 밖에 20퍼센트 이상의 고슴도치에게서 새의 깃털을 발견했고, 90퍼센트 이상에게서 식물의 찌꺼기, 그리고 17퍼센트에서 해바라기 씨와 견과류를 발견했다. 도시 고슴도치는 먹이와 관련해서는 특별히 창의력이 강한 것처럼 보인다. 함부르크에 사는 고슴도치는 딱정벌레 외에도 쓰레기를 뒤진다고 봐도 된다. 나한테 배우는 여대생들 가운데 한 명은, 비스킷과 칩으로 배를 잔뜩 불린 고슴도치를 자주 목격했다. 이런 음식은 당연히 건강에 좋지 않으며, 발코니에 놓아둔 고양이 먹이를 슬쩍 훔쳐 먹는 게 차라리 낫다(단백질과 지방의 비율이 적당하고 설탕이 전혀 들어 있지 않아야 한다!).

몇 주 전에 분석한 마지막 데이터에 따르면, 최근에 고슴도치가 몸을 덥히는 국면들 사이의 간격이 점점 짧아지고 있었다. 이것은 겨울잠을 잘 때 나타나는 전형적인 패턴이었고 곧 토르퍼 상태가 끝난다는 암시였다. 이미 5월인데 당연하지 않느냐고 생각할지도 모른다. 지난 몇 주 동안 나는 약간 의심스러운 마음으로 측정된 데이터를 유심히 살펴보았지만, 고슴도치들은 이미 오래전에 봄이 왔음에도 불구하고 토르퍼 상태에 있었다.

하지만 고슴도치는 인간보다 참을성이 있고 더 똑똑할 때가 많다. 3월에 화창한 섭씨 17도 정도의 온도로 봄이 찾아오면 우리는 여름을 그리워하게 되고, 그리하여 창고에 넣어두었던 피크닉용 담요와 그릴판을 꺼내고 아이들의 겨울옷을 정리해 옷장에 넣는다. 하지만 며칠 후에 엄청 추운 밤이 돌아와서, 우리는 어쩔 수 없이 짜증을 내고 만다. 이럴 때 내 사무실에는 전화가 끊임없이 걸려오는데, 언론과 주민들이 불쌍한 고슴도치에게 무슨 일이 생기는 것은 아닌지 물어보는 전화다. 아니, 전혀 그렇지 않다. 고슴도치는 기온의 지속적인 상승과 곤충들이 계속 늘어나는 걸로 완연한 봄인지 아닌지 인간보다 더 잘 알기 때문에 겨울잠을 계속 자는 것이다.

나는 5월에 겨울잠을 자던 고슴도치들의 보금자리가 비어 있는 것을 발견했다. 떨어져 있는 송신기들을 다시 주워 모았다. 고슴도치들과 작별인사 같은 것은 없었다. 겨울잠 프로젝트의 결과는 전반적으로 깜짝 놀랄 만한 것은 아니었다. 내 예측과는 반대로 도시 고슴도치와 시골 고슴도치, 혹은 도시 고슴도치와 실험실 고슴도치 사이에 생리학적 특징의 차이는 거의 없었다. 토르퍼 패턴, 몸을 덥히고 식히는 비율, 최저 체온과 동면 기간은 이변을 보여주지 않았고, 대도시처럼 고슴도치에게 극단적인 생활권에서도 거의 바뀌지 않았다. 이는 매우 지루하게 들릴

유럽고슴도치와 함께 있는 저자.

지 모르지만, 과학자에게는 결코 그렇지 않다. 하나의 종에 속하는 동물의 어떤 특징이 유연하게 바뀌며 다양한 환경에서 어떤 특징들이 거의 변하지 않는지를 확정 짓는 일은 작은 포유류들의 적응력을 짐작할 수 있게 해준다. 전혀 차이가 없는 것은 아닌데, 이런 차이들은 생리학적 측면 때문이 아니라, 생태학적 측면으로 인해 발생한다.

겨울잠 데이터로 프로젝트는 끝난 게 아니다. 나는 여름 내내 열심히 공부하는 대학생들의 도움을 받아서 언제, 어디서 어떻게 고슴도치가 대도시에서 돌아다니며, 여름에 마련한 보금자리는 어디이고, 사람들과 개 혹은 소음이 그들을 어떻게 방해해 이동의 패턴에 어떤 영향을 주며, 어떤 거리가 그들에게 장벽이 되는지, 도시 고슴도치는 여름에 어떤 에너지를 원하는지를 연구할 것이다.

세부적인 내용까지는 소개하지 않겠지만, 내가 말하고 싶은 것은 도시 고슴도치는 보수적인 생리학적 패턴과 매우 유연한 행동 방식을 혼합해 보여준다는 사실이다. 겨울잠과 관련된 생리학적 특징과 에너지 관리는 고슴도치가 실험실에 있든 시골이라는 생활권에서 살든 차이가 거의 나지 않았다. 이와 반대로 거주지 사용, 행동 패턴과 활동 시간은 대도시에 적응하려는 경향이 많았다. 예를 들어 대도시에 사는 수컷 고슴도치의 홈 레인지는 대략 5헥타르밖에 안 되고, 시골 고슴도치는 96헥타르다! 도시 생활권에서 좁아진 홈 레인지의 경향은 다른 동물들에게서도 찾아볼 수 있는데, 다람쥐·오소리·아메리카너구리가 그렇다.

고슴도치는 대체적으로 많은 측면에서 적응을 잘할 수 있으며, 반면에 다른 특징들의 경우에 바뀌지 않고 보수적인 방식을 취하고 있다. 고습도치가 살아남는 데 성공하게 만든 것은 바로 그처럼 느리고 빠른 유연성이 혼합되어 있는 능력에 있는 것 같다. 이미 1500만 년 전부터 고슴도치는 동일한 신체 구조로 환경의 변화에도 잘 적응해 살아왔지만, 반대로 대부분의 다른 종들은 상당한 변화를 했거나 이미 멸종했다.

6

곤궁에 처한 박쥐들

꽁꽁 얼어버린 속눈썹

도끼로 충분할 때도 많지만, 전기톱이 필요할 때도 많다. 눈이 많이 내린 곳에서 우리는 스노모빌을 이용하는데, 늘 한 대 정도가 자작나무 숲에서 빠져나오지 못하고는 한다. 이곳의 나무는 혹독한 기후 때문에 높이 자라지 않고 빽빽하게 붙어서 자란다. 지금은 눈이 너무 많이 와서, 자동차로는 동굴에 접근할 수 없고 남은 구간을 스노모빌을 몰고 가야만 한다. 지난주에 내린 눈 폭풍은 작은 나무들을 쓰러뜨렸고, 이런 나무가 좁은 숲길에 쓰러져 있어서 통과하기 힘들다. 우리가 마지막에 방문한 이후로 이곳은 경치가 아주 많이 변해 있었다. 눈과 얼음이 초원을 완전히 장악했다. 자작나무의 하얀색 띠가 끝없이 이어져 있는 풍경이다. 10월부터 5월까지 눈이 없는 땅이라고는 찾아볼 수 없고, 모든 것이 두꺼운 눈에 덮여 있다. 물론 우리가 연구하는 박쥐들의 동굴도 마찬가지다.

스노모빌이 움직이지 못하면 우리는 장애물을 제거하기 위해 차에서 내려야 할 때도 있다. 차에서 내리면 적어도 몸이 따뜻해지기는 하는데, 섭씨 영하 26도의 기온에서 오랫동안 앉아 있는 것은 좋지 않다. 눈을 장시간 깜빡거리지 않기만 해도 속눈썹이 얼어버린다! 새스커툰〔Saskatoon: 캐나다 서스캐처원(Saskatchewan)주 중남부에 있는 도시—옮긴이〕에서 작업하던 동료 한 명이 일하러 가다가 바로 이런 일을 당했다. 처음에는 왼쪽 눈의 속눈썹이, 그다음에 오른쪽 눈의 속눈썹이 얼어버렸던 것이다. 요란한 소리를 내는 스노모빌을 한참 동안 타고 갔더니 마침내 동굴이 몇 백 미터 근처에 있다는 표시가 GPS에 떴다. 우리는 빈터에 스노모빌을 주차하고, 우선 몸을 따뜻하게 하려고 불을 피웠다. 앞으로 걸어가야 했기에 나는 간단하게 요기를 하려고 배낭에서 빵을 꺼냈다. 빵을 먹으려고 얼굴에 쓰고 있던 마스크를 벗자, 그야말로 칼처럼 날카로운 냉기가 얼굴을 덮쳤다.

우리는 시간을 지체해서는 안 되었는데, 어두워지기 전에 숲을 다시 떠나야 했기 때문이다. 어두워지면 스노모빌을 타고 빠져나갈 수 없으니까. 눈밭에서 야영을 할 장비는 챙겨오지도 못했다. 따라서 우리에게는 네 시간밖에 시간이 없다. 스노모빌 타는 것을 도와준 국립공원 직원이 스노모빌 곁에서 불이 꺼지지 않도록 지켜보기 위해 남았다. 네 명이서 출발했는데, 이런 조건에서 혼자 일하러 가면 위험하기 짝이 없다. 오늘 우리는 다른 길로 갈 텐데, 호수를 건너가는 경로다. 무릎까지 내린 눈을 헤치고 나아가느니 차라리 꽁꽁 언 호수를 지나가는 편이 더 수월할 것 같았다. 우리는 배낭에 장비를 얹고 도끼와 삽도 챙겼다. 어떤 일이 일어날지 알 수 없으니까.

GPS를 따라서 우리는 무릎까지 쌓인 눈을 뚫고서 나무와 덤불 사이를 지나갔다. 눈 장화를 신고 왔더라면 얼마나 좋았을까. 몇 미터 나아가다가 멈춰야만 했는데, 갑자기 가파른 산 중턱이 나타났기 때문이다. 이 산 중턱을 돌아갈 수는 없었다. 양편에 나무가 너무 빽빽하게 들어서 있었다. 이 산 중턱은 좋은 신호인데, 우리가 가고자 한 호수가 멀지 않다는 표시다. 그리하여 우리는 반은 기어서 그리고 반은 미끄러지면서 산 중턱을 내려갔으며, 다행히 배낭에 들어 있는 장비나 도끼는 전혀 손상을 입지 않았다. 밑에 도착해 눈을 털어보자 몇 미터 앞에 호숫가가 있었다. 호수를 덮고 있는 얼음은 두께가 족히 2미터는 되었고, 도끼로도 깨지지 않았을 것이다. 호수 위를 걸어가자 훨씬 빨리 갈 수 있었지만, 갑자기 눈이 심하게 내리기 시작하는 바람에 시야가 점점 흐려졌다. 우리는 몸을 앞으로 구부린 채 걸어갔고, GPS도 계속 확인했다. 우리에게 그다지 좋은 날씨는 아니었다. 하지만 장비도 수리를 해야 했고 데이터가 엄청 궁금하기도 했기에 도중에 포기할 수는 없었다. 그때 GPS에서 이렇게 알려주었다. '목적지에 도착했습니다.' 정말?

우리는 호숫가 기슭 위로 기어 올라가서 동굴 입구를 찾아봤지만, 보이는 것은 두껍게 쌓인 눈밖에 없었다. 동굴 입구가 어디였지? 그때 나는 구부러진 작은 나무를 알아볼 수 있었다. 그곳에 측정소에 에너지를 공급할 태양 전지를 설치해두었다. 야외에서 작업할 때 에너지 공급은 아주 큰 문제가 된다. 이때 태양 전지는 작업을 엄청 쉽게 만들어준다. 즉 자동차 배터리를 숲으로 가져가본 사람들이라면, 내가 하는 말을 충분히 이해할 것이다. 그리고 이 초원에는 햇빛이 충분하다. 오싹할 정도의 추위에 그다지 효과가 없을지 모를 다른 곳보다 훨씬 많다. 오늘은 해가 빛나고 있지만, 태양 에너지를 받아들이고 있을 우리의 태양 전지는 어디에 있단 말인가? 태양 전지 시스템은 정말 탁월하기는 하지만, 유감스럽게도 눈이 많이 내리면 고장이 나거나 호기심 많은 곰에게 공격당할 위험이 있다. 하지만 곰은 지금 겨울잠을 자고 있을 게 분명하다.

곰에 관한 이야기

이곳이 고향인 아메리카흑곰은 흔히 주장하는 것처럼 겨울에 휴식을 취하는 게 아니라, 진정한 의미에서 겨울잠을 자는 동물이다. 겨울에 휴식을 취한다는 의미의 '윈터 레스트(winter rest)'라는 개념은 동물들의 겨울나기를 묘사하기 위해 일상에서 사용하는 표현이다. 겨울에 동물들이 활동을 줄인다는 암시를 하기는 하지만, 과학적인 의미는 전혀 아니다.

곰의 겨울잠은 오랫동안 제대로 이해되지 못했다. 과학자들은 거의 탐험가들처럼 이 현상을 밝혀내기도 했다. 실제로 과거에 곰을 연구한 과학자들의 보고서를 읽어보면 마치 추리소설과 비슷할 때가 많다. 예를 들어 1959년 한 과학자가 알래스카에서 토르퍼 상태에 빠져 있는 아메리카흑곰의 체온을 측정하려고 온도계를 들고 동굴까지 기어 올라갔다고 한다! 곰은 겨울 내내 사라지며, 체온을 최소 섭씨 29.4도까지 유지한다. 우리가 겨울잠을 자는 작은 동물들에게서 발견할 수 있는 특징, 그러니까 토르퍼 국면에 빠지면 뚜렷하게 나타나는 체온상의 특징이 발견되지 않는다. 산소 소비량을 측정했을 때야 비로소 곰이 토르퍼 상태에 있다는 것을 증명해준다. 곰의 산소 소비는 간단하게 측정할 수는 없지만, 그사이 증명된 바에 따르면 아메리카흑곰뿐 아니라 큰곰(불곰)도 겨울잠을 잔다고 한다. 겨울잠을 자는 다른 동물들과 비교할 때, 이들 곰은 신진대사를 75퍼센트까지 절약할 수 있다. 곰은 3~6개월까지 먹이를 먹지 않으며 물도 마시지 않고 배설도 하지 않는다. 흥미롭게도 이 시기에 새끼를 낳는다.

북극곰은 왜 겨울잠을 자지 않을까? 북극의 추위를 이겨내려면 겨울잠을 반드시 자야 할 텐데 말이다. 원인은 생태학에, 좀더 정확하게 말해 생물 계절학에 있다. 일 년 동안 시기적으로 반복되는 활동에 말이다. 북극곰은 겨울에 먹이를 먹어야 한다! 실제로 곰은 여름에 굶주린 채 지겨운 시간을 보내야 하는데, 이 시기에는 먹이를 찾을 수 없는 까닭이다. 곰은 가을이 되면 마침내 사냥할 지역에 갈 수 있기를 기대한다. 캐나다의 북쪽에 위치한 매니토바주의 처칠에서 이런 광경을 목격할 수 있다. 민물이 허드슨만으로 흘러드는 곳으로 이 거대한 만의 다른 곳보다 더 빨리 얼어붙는다. 똑똑한 곰들도 이런 사실을 잘 알며 그리하여 10월이 되면 곰 수백 마리가 이곳 처칠에 모여든다.

곰들은 정말 이 작은 마을을 방문하기도 하는데, 굶주리고 지겨운 곰과 사람들은 친해지지 못한다. 이 시기에 처칠 사람들은 축제가 아니라 곰을 쫓기 위해 터뜨리는 폭죽 소리를 듣고는 한다. 만일 곰이 폭죽 소리에도 마을을 떠나지 않으면, 자동차로 도망치는 것만으로도 도움이 된다. 이러한 이유로 처칠 사람들은 그 누구도 자동차 문을 잠그지 않는다! 마을 밖으로 나가는 길이 없어 도난 위험이 매우 낮기 때문이다. 처칠에 가려면 위니펙에서 기차나 비행기를 이용해야 한다. 10월 어느 이른 아침 6시경, 우리가 묵는 호텔 앞에 곰 한 마리가 나타났다고 했다. 우리도 이 소식을 들었으며, 아침 산책을 잠시 멈추길 잘했다며 기뻐했다! 북극곰으로부터 안전한 차량에서 우리는 이 자부심 강한 동물들을 자연 상태 그대로 목격할 수 있었다. 정말 감동적이었다. 래브라도(Labrador: 캐나다의 대서양 연안 지역—옮긴이)의 어린 곰들이 그러하듯, 지겨워서 몇 시간 동안 이리저리 뒹구는 모습은 우습기까지 했다.

가능하다면 대부분의 곰은 일 년 내내 얼음에서 시간을 보낸다. 몇몇 곰은 여름에 육지에서 발견되고 가을이 되어서야 얼음으로 돌아간다. 이들은 그곳에서 자신들이 좋아하는 먹이인 고리무늬물범(*Pusa hispida*)을 사냥한다. 물범이 얼음 위에서 새끼를 키우는 4월부터 잡기가 더 수월하다. 우려한 것보다 더 빨리 녹고 있는 북극의 얼음을 고려해 점점 더 많은 물범이 그야말로 깊은 바다에서 살고 있다. 그러니까 얼음이 아니라 물에서만 산다. 북극곰들은 수영을 잘하는 편이지만, 그들의 털은 축축한 상태에서는 대기 속에 있는 상태에 비해 90퍼센트 더 많은 열기를 빼앗긴다. 해양 포유류들처럼 열을 전달하지 않게 하는 지방 조직이 없는 까닭이다. 따라서 얼음처럼 차가운 물에 있으면 곰은 수영할 때뿐 아니라 몸을 덥힐 때도 에너지가 필요하다. 게다가 얼음 면적들 사이가 점점 더 떨어져 있는 경우가 늘어났다. 8월과 10월 사이에는 거의 먹을 게 없어서 곰은 굶주려야만 한다. 여름도 점점 더 길어지고 있다. 2015년에 실시한 연구에 따르면, 북극곰은 여름에 활동과 체온을 줄이며, 따라서 에너지를 덜 소비한다고 한다. 요약하자면, 북극곰은 대부분 겨울에 먹이를 사냥하기 때문에 추위에도 불구하고 겨울잠을 자지 않는다.

얼음이 사라지면서 동물들 사이에 긴장감이 도는 반응을 불러일으키는데, 특히 불곰과 북극곰이 충돌하고 있다. 2015년 그들이 북극고래(*Balaena mysticetus*)를 두고 어떻게 경쟁하는지에 대한 보고가 발표되었다. 북극고래는 알래스카에 사는 주민들이 생계를 위해 소수만 잡을 수 있다. 두 종류의 곰 사이에 북극고래를 두고 펼치는 전쟁은 그다지 치열하지 않으며, 상대적으로 평화로운 이유는 고래를 먹는 시간이 다르기 때문이다. 하지만 불곰이 대체적으로 흰색 북극곰을 위협해 몰아내는 편이다. 실제로 두 종은 자매 관계이며, 이들의 진화 과정과 어느 정도 친척인지에 대해서는 아직도 수수께끼로 남아 있다. 2012년 유전자 분석에 따르면, 두 종은 적어도 400만 년 전에 분리되었다고 한다. 이 데이터는 또한, 북극곰이 50만 년 전부터 개체 수 감소를 겪고 있으며 인간에 의한 기후변화가 그들을 더 힘들게 한다는 사실을 보여주었다. 북극곰의 상황도 좋지 않은데, 얼음이 점점 녹는 바람에 살아갈 곳을 잃어가는 탓이다. 문제는 이 종이 새로운 환경에 적응하기 위해 얼마나 유연성을 보여주는가다.

물기를 머금은 공기

동굴 입구는 우리가 있는 곳에서 고작 몇 미터 떨어져 있었다. 근처에 호수가 있다는 것은 가을에 먹이와 물이 충분하다는 의미다. 이제 동굴 입구는 제대로 막혀 있었다. 그러므로 맹수들이 들어오지 못하고, 공기는 물론 어떤 소리도 들어오지 못한다. 하지만 우리의 박쥐들은 방해를 받지 않는다. 오히려 정반대다. 즉 이와 같은 방식으로 동굴 안은 거친 바깥 온도로부터 보호를 받는 미세 환경이 만들어진 것이다. 동굴에 설치한 데이터 장치로부터, 바깥에는 눈보라가 불어닥치는 동안에 동굴은 변치 않고 섭씨 4도를 유지하고 있었다는 사실을 알 수 있었다. 박쥐가 겨울잠을 자기에 완벽한 환경이 아닐 수 없다!

실제로 높은 습도는 고정적인 온도 외에 박쥐의 겨울잠을 위해 결정적으로 중요하다. 박쥐의 날개를 두고 보면 작은 몸뚱이에 비해 체표면이 너무 넓은 편이다. 8그램밖에 나가지 않는 작은 박쥐의 경우만 하더라도 날개가 25센티미터나 된다. 이렇듯 거대하고, 털도 나지 않았으며 혈액이 공급되는 날개를 통해 온기 외에도 많은 습기가 주변으로 사라진다. 박쥐는 몸의 표면이 넓은 것 외에도 신진대사도 많이 한다. 비교적 숨을 빨리 쉬는 편인데, 이로 인해 수분을 더 많이 상실하게 된다. 이와 같은 이유로 겨울잠을 자는 동굴에는 최소한 80퍼센트의 습기가 필요하고, 그래서 박쥐는 응축물로 완전히 둘러싸여 있을 때가 많다. 다른 동물들의 경우에도 수분 관리가 토르퍼 패턴에 영향을 준다. 1990년 말의 연구에 따르면, 수분이 어느 정도 있느냐에 따라 황금망토땅다람쥐

물방울로 뒤덮인 상태: 캐나다 매니토바의 한 동굴에서 겨울잠을 자고 있는 작은갈색박쥐의 정면. 몸은 응축물로 축축하다.

는 몸을 덥히는 국면으로 들어갈 결정을 한다.

동굴 밖에서 우리는 태양 전지를 묻느라 분주하게 보냈다. 눈 밑에 그리고 부러진 가지 밑에 묻었다. 다행스럽게도 우리는 삽과 도끼를 가져왔고, 케이블을 연결해 장치가 다시 작동했다. 이어서 묻어두었던 금속 상자를 꺼냈는데, 이 안에 측정장치가 들어 있다. 수신기와 저장장치가 잘 작동하는지 시험해본 뒤에, 안전장치를 새로운 것으로 교체하고 나자 다시 작동이 잘되었다. 내려받은 박쥐들의 체온 데이터를 보니, 박쥐들은 겨울의 절반 동안 대략 2주마다 정상 체온으로 몸을 덥혔다. 12월에 몇몇 박쥐는 심지어 30일까지 토르퍼 상태를 지속했는데, 이와 같은 조건에서 가장 긴 시간 동안 무기력한 상태에 빠져 있었던 것이다.

공동으로 난방하기

우리가 동굴 밖에서 물건을 챙기고 숲에 피워둔 불을 쬐며 즐거워하는 동안, 동굴에 있던 박쥐 한 마리가 몸을 덥히기 시작했다. 이 과정은 값비싼 대가를 톡톡히 치르는데, 정확하게 말하면 비축해둔 지방 100밀리그램을 태워야 한다. 체중이 적게 나갈 때, 이 양은 엄청나다. 겨울잠을 자는 기간 전체를 고려하면, 몸을 덥히는 과정을 대략 20번 정도 할 수 있다. 작은 박쥐들은 이 과정에서 체중의 25퍼센트를 잃으며, 더 이상 잃게 되면 생명이 위험해진다. 그러니 박쥐들은 에너지를 잘 관리해야 한다! 몸을 덥히는 과정은 44분간 지속되고, 이 과정에 들어가면 신진대사·체온·심장 박동과 같은 신체 기능이 정상으로 돌아오는 것이다.

박쥐들은 촘촘하게 매달려 있어서 몸을 덥히면서 나오는 온기가 그 옆에 있는 몇몇 이웃 박쥐들에게 전달된다. 즉 이웃 박쥐들은 수동적으로 함께 몸을 덥힐 수 있다. 이는 매우 똑똑한 행동인데, 이른바 낮은 가격으로 몸을 덥힐 수 있다는 말이다! 이를 통해 이웃 박쥐들은 소중한 지방을 절약하고 자신들의 에너지 총량을 아낄 수 있다. 공동으로 몸을 덥히면 이처럼 긍정적인 측면이 있지만 원치 않게 방해를 받기도 한다. 박쥐 한 마리가 몸을 덥히기 시작하면, 기지개를 켜고, 기다란 손가락뼈를 쭉 뻗고 이웃 박쥐들 위로 기어오르기 시작한다. 이때 무엇보다 앞으로 튀어나온 엄지손가락을 이용한다. 그러니 이웃들은 흔들리고, 토르퍼 상태에 있는 동료들을 전혀 고려하지 않고 잡아당기는 효과가 생기는 것이다. 몇몇은 너무 방해를 받은 나머지, 원치 않지만 자신들도 몸을 덥히게 된다. 그리하여 한두 마리가 몸을 덥히기 시작하면 결국 인공폭포처럼 다들 몸을 덥히게 되는 상황이 벌어진다. 박쥐 무리 가운데 20퍼센트까지 동시에 정상 온도가 될 수 있다. 이처럼 박쥐들이 자발적이지 않지만 몸을 덥히는 과정에 들어갈 때 생리학적으로 에너지를 절약하는 장점이 있는지 단점이 있는지는 아직 분명하게 밝혀지지 않고 있다.

몸을 덥히는 과정에서 박쥐는 이 시간의 대부분을 털을 관리하고, 물을 마시고 방향을 바꾸는 행동을 하는 데 쓴다. 고양이에게서 볼 수 있듯이, 박쥐는 의심스럽게 몸을 비튼 상태에서 자기 몸을 핥고 긁는다. 신진대사 기능이 매우 떨어진 상태에서도 몇 주 동안 몸에서 배출된 오물을 떼어내는 일은 박쥐들에게 매우 중요한 과정이다. 오줌을 누려면 중력 때문에 자신의 몸에 오줌이 떨어지지 않게 동물들은 방향을 돌려야 한다. 그런 다음에 배출한 액체를 다시 채워 넣는다. 동굴 안에는 물이 흐르지 않지만, 동굴 벽에는 응축액이 있다. 세 시간이 지나자 몸을 덥히는 과정이 끝났고 다음번 토르퍼 국면이 시작되었다. 몸을 덥히는 국면이 인공폭포처럼 박쥐들 사이에 이어졌기에 추운 가운데 움직이는 시간이 많았다.

박쥐들의 체온이 동굴의 기온에 가까워지는 동안, 이들의 심장 박동은 점점 느려졌다. 이 작은 심장은 날아다닐 때 분당 1000번이 뛰지만 조용하게 쉬는 시간에는 200번 뛴다. 이와 반대로 토르퍼 상태에서는 놀랍게도 분당 5회라니! 동굴에 휴식 시간이 돌아오고 우리의 친구들이 미동도 하지 않고 동굴 벽에 매달려 있을 때, 우리는 가벼운 마음으로 밖으로 나왔다.

흰 코

가을에 야외에서 연구를 하려고 우리는 이웃 지방 온타리오에 사는 박쥐를 보러 떠났다. 그 지방에서 연구하는 전문가들과 함께 우리는 그곳에 있는 다양한 동굴과 탄광을 방문했다. 많은 탄광이 소규모이고, 금을 채굴하려고 파낸 얕은 곳이었다. 우리는 두 가지 목표를 가지고 이번 여행을 했다. 우선 다양한 영역에서 살고 있는 박쥐들을 기록하고 미래에 개체 수를 관리하기 위한 위치를 확정하고자 했다. 두 번째 목표는, 박쥐의 유전자 연구를 위해 조직 샘플을 모을 계획이었다. 이 프로젝트를 시행하는 근거는 박쥐들의 질병인데, 이에 관해서는 나중에 상세히 다루기로 하겠다.

첫 번째 날 케노라(Kenora: 캐나다 온타리오주 북서부 지역—옮긴이) 부근까지 갔지만, 우리가 묵으려던 모텔에 빈방이 없었다. 이어서 발견한 세 군데 모텔도 모두 '빈방 없음'이라는 표지판을 내걸어두었다. 우리의 예상과는 완전히 빗나갔는데, 이런 시골에 방이 없다니. 우리는 계속 차를 운전해 갔고, 날이 어두워졌고 배도 고팠기에 다음번에 발견한 모텔이 지극히 허름했음에도 불구하고 주차를 했다. 체크인을 하고 곰팡내 나는 방으로 들어갔을 때, 양탄자 위에 커다란 핏자국이 눈에 띄어서 깜짝 놀랐다. 예전에 봤던 영화들이 휙휙 지나가면서, 나는 끔찍한 생각을 떨쳐내려고 했다. 맞다, 지금은 고라니 사냥철이라는 생각이 문득 떠올랐다. 그래서 모텔에 모두 빈방이 없었다. 우리 이전의 손님이 아마 사냥 때 입던 옷을 바닥에 내려놓았을 수도 있고, 아니면 사냥한 고라니를 욕실로 옮기다가 떨어뜨렸을 수도 있다. 약간 진정된 마음으로 우리는 침대에 쓰러졌지만, 깊이 잠들지는 못했다. 다음 날 아침이 되어 이 끔찍한 장소를 떠날 수 있어서 우리는 정말 기뻤다.

이런 일을 겪어서 그랬는지 낮에 줄곧 보상을 받는 것 같았다. 그 지역은 많은 호수, 숲과 폭포, 멋진 동굴과 계곡으로 이루어진 아름다운 곳이었다. 박쥐들도 발견했으며 필요한 조직 샘플도 얻었다. 샘플을 얻기 위해 우리는 박쥐 날개 조직에서 2밀리미터를 떼어냈는데, 몇 주가

지나면 다시 자라난다. 이 작은 피부는 실험실에서 여러 가지 과정을 거치게 되고, 마지막에 유전자 차원에서 분석된다. 더 정확하게 말하면, 미소부수체(microsatellite)를 읽게 되는데, 이것은 짤막하지만 반복되는 일련의 상속물질로, 이를 통해 다양한 동물 사이의 친척 관계 정도를 알아볼 수 있다. 예를 들어 다양한 겨울잠 숙소 사이에 어떤 유전자 교환이 일어나는지를 조사할 수 있다.

개체 수의 크기, 유전자 교환과 박쥐의 움직임에 대한 정보는 현재 특히 중요하다. 생명을 위협하는 적이 매니토바에 있는 박쥐들에게 근접하고 있기 때문이다. 이 질병은 흰 코 증후군(white-nose syndrome)이라 불리는데, 현재 북아메리카에서 박쥐 수백만 마리의 생명을 앗아갔다. 이 질병은 지오미세스 데스트럭탄스(*Pseudogymnoascus destructans*)에 의해 생겨나며, 이 균이 날개·얼굴·귀를 공격하고 조직을 파괴한다. 이 균의 독특한 특징은 냉기를 좋아하는 것인데 그리하여 겨울잠을 자는 박쥐들에게 강력한 피해를 입힐 수 있다. 균으로 인해 대대적으로 죽는 이런 경우는 다른 척추동물들이 맞이한 위기를 떠올리게 한다. 즉 와호균(*Batrachochytrium dendrobatidis*)이 퍼뜨린 질병으로 말미암아, 전 세계에서 200종 이상의 양서류가 멸종한 적이 있다.

흰 코 증후군은 가장 끔찍한 포유류 멸종의 원인이다. 북아메리카에서는 지금까지 7종의 박쥐에게서 진단되었고, 5종의 경우에 균이 동물에게 있는 것이 증명되었으나 질병은 지금까지 나타나지 않고 있다. 이로 인해 희생당한 동물은 대략 500만에서 1000만 마리에 달한다. 이는 어마어마한 수이며, 특히 생겨난 지 얼마 되지 않은 질병이라는 점을 고려해볼 때 더욱 그러하다. 2006년 2월 미국 뉴욕주에 있는 쇼하리(Schoharie)에서 일하는 박쥐 연구가들은 매년 하는 행사, 즉 거대한 동굴에 거주하는 박쥐의 수를 헤아려보려고 동굴로 올라갔다. 동굴에 올라가자 바닥에 끔찍한 광경이 펼쳐져 있었다. 즉 동굴 바닥에 박쥐 수천 마리가 죽어 있었던 것이다. 이 동물들을 자세히 검사해보니 흰색으로 덮여 있었다. 그리하여 흰 코 증후군이라는 이름이 태어나게 되었다. 하지만 균이 어떤 균인지 밝혀지고 이름을 붙여줄 때까지 몇 년이 지나갔다. 그사이 질병은 북아메리카의 서부 전역에 퍼졌고, 2017년 4월, 미국의 31개 주와 캐나다의 다섯 개 지역에서 이 질병이 덮쳤다고 신고했다. 이런 결과는 박쥐의 개체 수에 치명적이었다.

작은갈색박쥐는 이 질병에 걸리기 전만 하더라도 북아메리카에서 가장 자주 볼 수 있는 종이었다. 그러니 이 박쥐들 걱정을 해야 할 때가 오리라고는 아무도 예측하지 못했다. 2010년에 실시한 연구는 이 종이 극단적으로 감소했다고 밝히면서 미래의 모델에 대해서도 소개했다. 예상할 수 있는 시나리오들 가운데 가장 낙관적인 시나리오에 따르더라도, 이 종에 속하는 박쥐는 앞으로 20년 후면 6만 5000마리로 줄어들 것이라고 한다. 원래 600만 마리였으니 고작 1퍼센트만 살아남게 된다는 거다! 일 년에 새끼를 한 마리 낳는다는 사실을 고려하면 개체 수는 서서히 회복될 수밖에 없다. 갈색박쥐는 지극히 넓게 분포해 있었지만 앞으로 16년 동안 완전히 사라질 것이다. 그리하여 캐나다는 이 박쥐종을 이미 멸종 위기에 있는 종으로 분류하고 있다.

다람쥐와 바이러스

3월 말이었다. 유럽의 숲은 무성한 나뭇잎이 생겨나기 전에 햇빛이 잘 드는 자리를 두고 다투는 꽃들로 뒤덮여 있지만, 이곳은 아직도 눈이 가득하다. 이런 경치는 당분간 변하지 않을 텐데, 이곳에서는 5월에 눈이 내리더라도 이상한 일이 아니다. 그런 다음에 눈이 녹아서 물이 넘쳐난다. 이곳에서는 아름다운 봄이 서서히 다가오는 게 아니라 질퍽한 눈덩이 다음에 갑작스럽게 생명체들이 폭발한다. 몇 주 만에 모든 나무에 잎이 무성해지는 것이다.

분명히 영하의 기온이었고 우리는 조사하던 지역으로 여러 번 갔다. 그곳에 갈 때면 우리는 대초원에 있는 주유소에서 마약으로 무장을 한다. 즉 초콜릿이 잔뜩 들어 있는 뜨거운 코코아에 캐러멜 시럽과 바닐라 크림을 넣은 음료 말이다. 700밀리리터 컵으로 주문해 들고, 여기에 스카(ska: 1950년대 자메이카에서 발생한 대중음악—옮긴이)를 틀어놓으면, 우리는 몇 시간 동안 직선으로만 달리더라도 졸지 않을 수 있다! 봄이 아직 멀리 있지만, 우리는 스노모빌이 아니라 자동차를 운전해 동굴까지 간다.

우리가 하이브리드 SUV를 주차했을 때, 큰 소리로 욕을 할 수밖에 없었다. 다람쥐 굴에 너무 가깝게 주차를 하고 말았던 것이다. 우리는 얼마나 조심성이 없는지! 다람쥣과(*Sciuridae*) 가족들은 3000만~4000만 년 전의 조상으로부터 전 세계에 280종으로 발전하였으며, 총 다섯 개의 과(科)로 나뉘었다. 흥미롭게도, 하나의 과에 겨울잠을 자는 대가들이 여럿 있는 반면에—예를 들어 북극땅다람쥐가 있다—다른 종들은 유럽청서(*Sciurus vulgaris*)처럼 토르퍼를 전혀 이용하지 않는다. 많은 다람쥐가 힘든 시기에 찾아 먹기 위해 자연에 먹이를 숨겨놓고는 한다. 이렇게 숨겨놓은 먹이가 나무의 씨와 과일일 경우가 많아서, 다람쥐는 다양한 종류의 나무를 퍼뜨려주는 역할을 한다. 작은 먹이를 여러 군데 보관함으로써 먹이 창고를 통째로 도둑맞는 경우를 줄일 수 있다. 먹이를 숨겨둔 곳을 다시 찾으려면 공간에 대한 기억과 후각을 동원한다.

대초원에서는 설치류 가운데 두 종류, 그러니까 동부회색청서(*Sciurus carolinensis*)와 아메리카붉은다람쥐(*Tamiasciurus hudsonicus*)를 자주 볼 수 있다. 후자는 우리가 아는 다람쥐와 혼동해서는 안 되는데, 청서속(*Sciurus*)이라는 이름에서도 유추해볼 수 있듯이 우리의 다람쥐는 오히려 동부회색청서와 더 가깝다. 동부회색청서는 유럽에서 슬픈 방식으로 유명해졌다. 영국, 아일랜드와 이탈리아에서 이 동부회색청서는 원래 이곳에 살던 유럽다람쥐를 멸종 위기까지 몰아갔다. 영국이 가장 심각한데, 이곳에서는 원래 살던 다람쥐들이 외래종과 싸워서 진 까닭에 스코틀랜드의 숲에서만 살고 있다. 현재 스위스는 동부회색청서들이 점령했다. 이들은 앞으로 50년 안에 알프스를 횡단할 것이라 추측하고 있다. 지역에 사는 토착종 다람쥐들의 미래가 어두워 보인다.

동부회색청서들은 아직 독일에 오지 않았는데, 흔히 언론에서는 왔다고 오보하고는 한다. 사람들이 봤다는 검은색 혹은 어두운 색 청서는 비슷한 종의 검붉은 청서다. 왜 다양한 털색이 존재하는지 우리는 잘 모른다. 일반적으로 더 높은 단계에 속하는 종들의 털 색깔은 어둡다. 물론 우리는 함부르크에서 새까만 종도 볼 수 있다. 동부회색청서는 유럽 본토에 살고 있는 다람쥐를 두 가지 방식으로 몰아붙였다. 우선 동부회색청서는 토착종 다람쥐와 경쟁해 우위를 점했는데, 동부회색청서는 훨씬 더 공격적이며, 개체 수가 많아도 잘 견디며 다른 방식으로 먹거리 자원을 이용하는 까닭이다. 두 번째로 2003년에 발견한 스쿼럴폭스 바이러스(squirrelpox virus)는 동부회색청서가 옮기고 다녔지만 스스로는 병에 걸리지 않았다. 하지만 이 바이러스는 토착종 다람쥐에게 치명적이며, 이 바이러스에 감염되면 3주 안에 죽는다. 토착종 다람쥐가 감염된 동부회색청서를 만나는 지역에서는 바이러스가 없는 지역에 비해 개체 수가 20배 빨리 줄어든다.

박쥐는 다양한 병원균의 저장고이자, 정작 자신은 질병에 걸리지 않고 질병을 퍼뜨리기만 하는 동물의 대표적 본보기다. 가장 유명한 박쥐 바이러스는 광견병〔랍도 바이러스과(*Rhabdoviridae*) 리사 바이러스속(Lyssavirus)에 속한다〕과 니파 바이러스(Nipah virus: 아시아 지역 주민들에게 나타나며, 흔히 뇌염을 일으켜 사망에 이르게 한다—옮긴이), 그리고 헨드라 바이러스(Hendra virus: 말과 사람에게 심각한 질병을 일으키는 바이러스이며, 이 바이러스를 보유하고 있는 동물은 큰박쥐류다. 사람은 이 바이러스에 감염된 말의 코딱지와 오줌을 만지면 옮는다—옮긴이)다. 박쥐들 스스로는 증상을 전혀 보이지 않으며, 인간을 포함한 민감한 숙주에게 전염시켜서 손상을 일으킨다. 산림 남벌이나 박쥐와 같은 야생동물이 인간의 거주지에 점점 근접해옴으로 인해 전염이 더 잘 일어나게 된다. 지난 20년 동안 매년 미국인 한 명 혹은 두 명이 박쥐로 인해 광견병에 걸렸다. 우리처럼 박쥐를 연구하는 사람들은 발병할 가능성이 매우 희박하기는 하지만 어쨌든 병에 걸리지 않으려고 예방주사를 맞는다.

동굴에 도착해 우리는 장비를 점검했다. 이번에는 모든 것이 작동이 잘되어서 우리는 다시 돌아갈 수 있었다. 매니토바주의 주도인 위니펙이 아니라 겨울 동안 우리의 두 번째 고향인 새스커툰으로 갔다. 우리는 야외에서 동물과 작업하는 것 외에도 흰 코 증후군을 추적하기 위해 실험실에서 동물로 연구를 한다. 이 질병이 온타리오에서는 이미 몇 년 전부터 맹위를 떨치고 있기 때문에 언제라도 매니토바를 덮칠 수 있을지 모른다고 두려워하고 있다.

치명적인 겨울잠

서스캐처원주의 서부에 접해 있는 새스커툰에서 우리는 병든 박쥐들이 겨울잠을 자는 패턴을 실험실에서 연구하고 있다. 우리는 작은갈색박쥐를 야외에서 연구했던 방식과 동일하게 작업하는데, 이 동물은 흰 코 증후군을 심각하게 앓고 있는 까닭이다. 다른 종들도 그렇게 좋은 상태는 아닌데, 특히 질병 초기에 위협을 당한 종들, 예를 들어 회색박쥐(*Myotis grisescens*)와 인디애나박쥐(*Myotis sodalis*)의 경우다. 병을 앓는 종들의 공통점은, 동굴과 광산에서 겨울을 보낸다는 것이며, 다양한 종류가 섞여 있을 때도 많다. 동굴에는 작은갈색박쥐 200마리가 있기도 하고 심지어 5000마리 이상이 있을 때도 있다. 일단 바이러스가 겨울잠을 자는 숙소에 도달하면, 이곳에서 잠을 자던 박쥐들은 30~99퍼센트가 다음번 겨울에 죽는다. 동굴 바닥에 굶어 죽어 있거나 혹은 동굴의 출구 주변에 있는 눈 속에서 죽어 있는 박쥐들을 발견할 수 있다. 추운 겨울 날씨에도 먹이를 찾으러 나갔다가 이런 봉변을 당한 것이다. 우리는 박쥐의 죽음과 겨울잠 사이의 이와 같은 맥락을 실험실에서 연구한다.

너무나도 궁금한 의문이 있다. 동물들은 무슨 이유로 죽는 것일까? 몇 년을 연구했지만 이에 대한 대답은 여전히 어렵다. 한 가지 원인은 야생동물의 질병이 가지는 본질에 있다. 즉 야생동물의 질병은 숙주, 병원균과 환경 사이의 상호작용으로 복잡하게 얽혀 있다. 따라서 질병에 대한 연구는 여러 학문이 동시에 관여해야만 한다. 박쥐생태학, 겨울잠, 바이러스 연구, 병리학과 야생동물 질병을 잘 아는 전문가들이 자연보호청의 직원들과 한자리에 모여야 하고, 그래야만 의미심장한 실험을 하고 가능한 전략을 짜고 실행에 옮길 수 있다. 질병이 최초로 증명된 지 몇 년 후에 이렇듯 이질적인 학자들이 협력하는 과정을 경험하는 것은—참여, 위기로 소집한 회의, 흔히 천재적인 연구 개시—매우 인상적이다.

박쥐들이 겨울잠 패턴을 방해받았기에 비축한 지방을 더 일찍 소비할 수도 있다고 일찌감치 추측했다. 우리는 실험실에서 실시한 연구를 통해 최초로, 병든 동물은 몸을 덥히는 과정을 더 자주 거친다는 사실을 증명했다. 이는 2012년에 발표했다. 이와 같은 결과로 인해 '흰 코 증후군'을 연구하는 핵심이 토르퍼 연구가 되었다. 하지만 몸을 덥히는 과정이 왜 늘어나게 되었으며 또 다른 측면은 어떤 것이 있을까? 이 질문에 대답하기 위해 우리는 2013년 하나의 모델을 공개했는데, 인공폭포와 같이 이어지는 장애물이 다양한 생리학적 차원에 어떤 영향을 주어서 결국 박쥐를 죽음으로 몰고 가는지에 관한 모델이다. 병의 증상과 관련해 핵심은 전해질, 산염기 항상성(acid-base homeostasis)과 혈액학의 장애가 종합해 발생한 것으로 보인다. 결과는 탈수증(수분과 소금 손실), 신진대사 저혈당증(혈액의 산성화)과 저혈량증(혈액량의 감소)으로 나타난다. 이런 특징들 가운데 많은 것은 화재를 당했을 때 나타난다. 이런 결과는 그다지 놀랍지 않은데, 두 가지 경우에 피부층이 파괴되는 까닭이다. 곰팡이로 인해 날개 피부에 장애가 발생하기 시작하면, 일련의 반응이 홍수처럼 이어진다. 박쥐는 바짝 마르고, 이는 또다시 몸을 덥히는 과정을 하게 만든다. 이 과정으로 지방을 더 많이 태우게 되고 소중한 지방은 봄까지 버틸 수 있을 정도로 충분하지 않게 된다. 그 밖에도 박쥐는 소금기도 상실하고 과도하게 산성화된다. 이와 같은 메커니즘 가운데 많은 것이 실험을 통해 검사를 해야만 하지만, 박쥐는 결국 다양한 요소가 관계하여 죽음에 이르게 된다는 것은 매우 사실에 가까운 추측이다.

생존 가능성은 시간의 문제다. 겨울이 짧고 박쥐가 일찌감치 먹이와 물을 구할 수 있게 되면, 날개 피부의 부상뿐 아니라 생리학적 장애도 나을 수 있다. 박쥐가 다음번 겨울에 병을 일으킨 원인에 저항할 수 있는지는 현재 실험하고 있다. 실제로 우리가 제기하는 모든 의문에 대한 대답은 생존한 박쥐들에게 있다. 병원균이 동굴을 덮쳤을 때 죽지 않고 살아남은 1퍼센트의 박쥐들 말이다. 따라서 병의 확산을 막는다고 병원균이 덮친 동굴에 있는 모든 동물을 죽이는 일은 당장 그만둬야 한다.

살아남은 박쥐들은 어떤 특징이 있으며, 무엇이 그들에게 면역을 갖게 해주었을까? 만일 이런 의문을 풀 수만 있다면, 치료법도 있을 수 있다. 이 질병이 지니고 있는 터무니없는 측면은, 이 병원균 자체는 매우 쉽게 퇴치할 수 있다는 점이다. 무좀을 치료하기 위해 예전부터 사용했던 가루약은 박쥐에게 해를 입히지 않고 병원균만 죽일 수 있다. 그런데도 동굴 전체에 소독약을 마구 뿌린다면 건전한 동굴의 생태를 유지하는 데 반드시 필요한 자연적인 균들도 많이 파괴할 것이다. 박쥐들도 전혀 좋아하지 않을 테고.

따라서 목표에 적합하게 다루어야 한다. 그렇지 않겠는가? 유명 과학자들도 말하기를, 우리 인간은 기본적으로 세 가지 점에 한해 기여를 해야 한다고 한다. 즉 박쥐들에게 숲에서 여름을 보낼 수 있는 더 안전한 숙소를 보장해주기, 동굴에 사람들이 들어가서 방해하는 일을 최소화하기, 그리고 병원균을 다른 동굴에 전파하지 않기. 이런 위험 때문에 박쥐와 동굴을 연구하는 사람들은 모두 몇 년 전부터 야외에서나 실험실에서 엄격하게 살균한 복장을 갖추고 작업한다. 동굴 입구나 박쥐 덫에 다가가기 전에 우리는 흰색 작업복을 입는다. 장비는 모두 표백분으로 박박 문질러서 청소한다.

귀중한 박쥐들

박쥐들이 떼죽음을 당하자 이런 질문이 나왔다. 박쥐는 (우리에게) 어떤 가치가 있을까? 대중의 관심을 얻기 위해, 특정한 종의 동물이나 생활권은, 이들이 어떤 에코시스템 서비스를 하는지에 따라서 평가된다. 즉 하나의 생태계는 우리 인간에게 어떤 유용성이 있을까? 이와 관련해 박쥐들은 놀라울 정도로 유용하다. 예를 들어 미국 텍사스주에서는 박쥐 수백만 마리가 농지로 이동하여 메뚜기처럼 농산물에 해를 입히는 해충을 어마어마하게 먹어치운다. 나는 학회에 참석했다가 구름처럼 이동하는 메뚜기 떼를 쫓는 박쥐 구름을 찍은 영상을 보았다. 이 두 구름이 교차하고 나자, 한 떼의 구름이 갑자기 마술처럼 사라졌다. 이런 입체적인 세계를 우리 인간은 잘 볼 수 없는데, 이런 장면은 밤에 일어나는 경우가 많고 너무 높은 곳에서 일어나기 때문이다.

2011년에 한 연구는, 텍사스의 경우에 박쥐들이 생태계를 위해 어떤 역할을 하는지를 계산해보았다. 흰 코 증후군으로 인한 박쥐의 피해로 미국 농업이 입은 피해는 50억~220억 달러에 달했다! 자연에서 곤충을 먹어치우는 천적이 사라지자, 살충제에 들어가는 비용이 엄청나게 올라갔다. 게다가 살충제 사용의 증가는 사람들의 건강과 전체 생태계에도 부정적인 영향을 미쳤다. 이런 발표는 질병을 공개적으로 논의하고 박쥐의 가치를 평가하는 데 매우 중요하다. 이런 발표가 나고 나서 갑자기 연구비가 나왔고 언론들이 관심을 보였다. 자연보호에 우선 돈으로 가치를 평가하는 이런 일은 참으로 우울하게 만든다. 대중이 귀를 기울이기 전에, 박쥐의 날개에 달러 문신을 새기는 게 말이다.

포유류 가운데 유일하게 날 수 있는 박쥐는 전 세계 생태계의 민감한 균형을 위해 중요한 역할을 하며 이로써 많은 사람들이 예측하는 것 이

박쥐 동굴에 올라가기 전 위니펙 연구팀. 흰 코 증후군 때문에 소독한 흰색 보호복을 착용한다.

상으로 인간에게도 중요하다. 박쥐는 곤충을 먹어치우는 것 외에도 식물의 수분(受粉)과 씨앗을 퍼뜨리는 데 봉사한다. 예를 들어 주걱박쥣과에 속하는 세 종은 메마른 남아메리카 지역에서 자라는 다양한 용설란과 선인장의 수분에 무엇보다 중요하다. 탁월한 보기는 아가베 테킬라나인데, 멕시코 알코올 산업이 거대한 돈을 벌고 있는 술을 만드는 재료다. 유럽인은 이 술을 마실 때 레몬과 소금과 함께 마신다. 박쥐가 없으면, 데킬라도 없다! 북아메리카에서 현재 극단적으로 박쥐가 죽어가는 상황에서 그나마 긍정적인 측면이 있다면, 바로 박쥐에 대한 평가가 약간 좋아지고 있다는 것이다.

'세계의 나머지 지역'에서는 상황이 어떨까? 북미에서 끔찍한 소식이 알려진 이후에, 유럽에서 박쥐를 연구하는 사람들도 탐색을 했다. 그들이 발견한 바는 놀랍다. 즉 베를린에서 일하는 여자 동료 한 명은 2010년, 유럽의 박쥐들도 병원균이 있다는 사실을 입증했던 것이다! 하지만 흰 코 증후군의 증상을 보이지는 않았다. 추측건대 유럽의 박쥐들은 공진화(Coevolution: 강력하게 상호작용하는 두 생명체가 오랜 과정을 거치면서 서로에게 적응함—옮긴이)를 통해 병원균에게 익숙해지고 병원균도 박쥐에게 아무런 해를 끼칠 수 없게 되었을 가능성이 있다. 북아메리카의 병원균과 동일한 것일까? 어쩌면 사람들이 이 병원균을 북아메리카로 옮겨가서 포유류 역사상 가장 엄청난 위기를 불러일으킨 것은 아닐까?

책임이 있는 동굴 관광객들

이와 같은 질문을 검토하기 위해, 우리는 실험실에서 북아메리카 박쥐를 두 그룹으로 나누어 이들이 보여주는 겨울잠 패턴을 비교했다. 한 그룹의 박쥐에게는 유럽의 병원균을 감염시켰고, 다른 그룹에게는 북아메리카의 병원균을 감염시켰다. 이 실험을 하면서 두 가지 시나리오를 준비해두었다. 하나는, 만일 두 그룹이 겨울잠을 자는 과정에서 동일한 변화를 보여주면, 병원균은 동일하고 유럽의 박쥐들은 조금 더 인내한다. 이는 병원균이 유럽에서 넘어왔다는 확실한 증거가 된다. 두 번째, 그룹이 서로 다른 겨울잠 패턴을 보여주면, 북아메리카에서 병원균이 변했다는 증거다. 유전상의 돌연변이를 통해 지금까지 전혀 해를 끼치지 않던 동굴의 병원균이 갑자기 박쥐들을 마구 죽이는 킬러로 변한 것이다.

첫 번째 시나리오가 현실이 되었다. 우리가 얻은 결과는, 병을 일으키는 원인에 대한 증거일 뿐 아니라, 유럽 박쥐들이 공진화를 통해 병원균과 화해를 해야만 했다는 암시다. 유럽의 박쥐들은 병원균을 보유하고는 있지만, 병의 증상은 없다는 말이다. 유럽의 겨울은 온화한 편이고 먹이 없이 지내는 시간도 짧고, 따라서 병원균은 약탈할 시간이 별로 없다. 그렇다고 하더라도, 왜 병의 증상이 전혀 나타나지 않는지를 설명해주지는 않는다. 아마 유럽에 있는 병원균은 수천 년 전에 대량학살을 했고 이로부터 살아남은 박쥐들이 저항력을 후세들에게 물려주었을 가능성이 있다. 그래서 유럽에는 박쥐의 개체 수가 적을지도 모른다.

이런 생각은 희망을 안겨준다. 100년이 걸리더라도 북아메리카에 사는 박쥐들을 다시 붙잡을 수 있다는 희망이다. 이때 중요한 것은, 여름에 가능하면 인적이 없는 넓은 곳에 박쥐들의 거처를 마련해주는 것이다. 생존한 박쥐들이 따뜻한 날 동안 회복을 하고 새끼를 성공적으로 키울 수 있게 말이다. 하지만 바로 이게 부족하다. 병원균 외에 박쥐의 또 다른 적이 점점 늘어나고 있기 때문이다. 이 적은 아이러니하게도 바로 자연보호를 하느라 생겨났다.

풍력에너지 시설물은 박쥐들에게 치명적인 덫이 된다. 과학자들이 모이는 '박쥐 협의회'에서는, 토론토에서 열리든 아니면 베를린에서 열리든, 풍력에너지 시설의 위험성에 대하여 의논을 하지 않는 회의가 없을 정도다. 이것은 북아메리카뿐 아니라 유럽과 남반구에서도 큰 문제가 되기 때문이다. 박쥐는 새들과 마찬가지로 회전 날개의 위치를 파악하는 데 어려움이 있다. 이런 점 때문에 박쥐를 비난할 수 없는데, 풍력발전소의 회전 날개는 최대 시간당 500킬로미터로 돌아가는 까닭이다! 독일 바덴뷔르템베르크(Baden-Württemberg)주에서는 매년 풍력에너지 날개 하나당 대략 박쥐 18마리가 죽어간다. 슐레스비히홀슈타인(Schleswing-Holstein)주에서는 딱 한 마리가 죽는다. 풍력에너지 시설물의 수와 크기를 보면, 박쥐들의 피해가 어느 정도인지 상상할 수 있다. 전 세계적으로 보면 풍력에너지를 생산하기 위해 돌아가는 회전 날개로 죽어가는 동물은 수십만 마리에 달한다.

한 연구에 따르면 박쥐들은 친구들이나 놀이터, 먹이를 발견하기 위해 시골에서도 높은 구조물들을 찾아다닌다고 한다. 과거에 이렇듯 눈에 띄는 큰 구조물은 무엇보다 크고 오래된 나무(혹은 교회 탑)였지만, 이제는 풍력에너지용 회전 날개일 때가 많다. 회전 날개가 높을수록, 이로 인해 죽는 박쥐는 더 많은 것이다. 이 말은 풍력발전소의 설치를 반대해야 한다는 의미는 결코 아니다! 나는 재생 에너지를 적극 찬성하는 사람이며, 다행스럽게도 간단한 해결책이 있다. 박쥐들 대부분은 가을에 바람의 강도가 약한 몇 주 동안 죽는다. 대부분의 회전 날개는 초당 3미터로 돌아가는데, 이때 얻게 되는 에너지는 극히 소량에 불과하다. 이 수치가 초당 4에서 6미터로 올라가면 사망률이 훨씬 줄어든다. 보상금

지불을 통해 몇 주 동안 풍력 시설의 가동을 중지하도록 지원할 수 있다. 북아메리카에서는 벌써 이런 형태의 해결책을 도입하려는 움직임이 있고, 이는 희망적이다.

새스커툰에서 실험을 끝낸 다음 우리는 5월 말에 마지막으로 우리의 동굴을 방문했다. 흰색 보호복을 입은 대학생들이 사다리를 내려왔다. 우리는 가장 끔찍한 일이 일어났으리라 예감했다. 바짝 말라서 박쥐들이 동굴 바닥에서 죽어 있는. 하지만 죽은 박쥐는 없었고, 흰색 곰팡이가 동굴 벽에서 발견되지도 않았다. 이곳 동굴에는 흰 코 증후군이 덮친 흔적이 없었다. 겨울잠 데이터가 이런 사실을 말해주었는데, 토르퍼 과정들은 질병이 도래했다는 징후를 지시하지 않았기 때문이다. 동굴은 텅 비어 있었고, 이는 좋은 현상이었다. 암컷 박쥐들은 이미 5월 초에 사라졌고, 이어서 새끼들이 5월 중순에 따라갔다. 수컷 박쥐들은 바로 며칠 전에 동굴과 작별했다. 그들은 8개월 이상 이 작은 동굴에서 살았다. 이제 긴 겨울이 끝났음을 알리고 다시 태양이 빛나는 세상으로 날아가야 하는 시기였던 것이다. 우리는 마음이 놓였다. 흰 코 증후군이 덮쳤던 곳이 여기에서 동쪽으로 고작 몇 백 킬로미터밖에 떨어져 있지 않았기에 우리의 박쥐들은 그 정도 거리는 어렵지 않게 날아갈 수 있는 까닭이다. 그래도 이곳 매니토바에서 박쥐들이 떼죽음을 당하는 것은 시간문제일 뿐이다.

7

기회주의자가 이긴다

두 개의 정점으로 보는 토르퍼

비가 억수처럼 내렸다. 책상에서 문서 작업을 하기에는 완벽한 날씨다. 우리는 동네에 있는 아름다운 도서실에 편안하게 자리를 잡았다. 나는 전문잡지 〈비교 생리학 저널(Journal of Comparative Physiology)〉에 게재할 원고를 다듬었고, 남편은 지금까지 수집한 꼬마주머니쥐의 데이터를 분석했다. 분포도를 바탕으로 남편은 우선 모든 토르퍼 국면의 지속 시간을 그래프로 만든다. 이 결과는 상당히 흥미롭다. 두 가지 정점이 있는 분포도다. 첫 번째 '정점'은 6시간이었으며, 두 번째는 90시간이었다. 우선 긴 토르퍼 국면을 살펴보자. 평균적으로 4일이며 최대는 8일이다. 여러 가지 토르퍼 국면이 이어져 있다는 사실은 중간에 몸을 덥히는 과정으로 인해 중단되었다는 것을 의미한다. 이것이 바로 겨울잠이다. 이로써 최초로 야외에서 겨울잠을 이용했다는 사실이 생리학적으로 증명되었다! 우리는 도서관에서 허락되는 만큼 기쁨의 춤을 추면서 축하를 했다.

겨울잠을 자는 꼬마주머니쥐는 다음번 토르퍼 상태에 들어가기 전에, 평균적으로 다섯 시간에 걸쳐 정상 체온인 섭씨 37도로 몸을 덥혔다. 토르퍼 상태에 있을 때 체온은 최고로 낮을 때가 섭씨 4.1도인데, 이는 바로 겨울잠을 자는 동물임을 말해준다. 그럼에도 이 데이터들은 교과서에 나오는 전형적인 겨울잠과는 차이가 난다. 토르퍼 패턴이 아주 유연하다는 점도 눈에 띈다. 몇 헥타르 내에 있는 작은 영역에서 겨울잠을 자는 동물들조차도, 기후 조건과 먹이 원천이 동일함에도 불구하고 토르퍼 행동에 큰 차이를 보여준다. 한 동물이 40일 이상 겨울잠을 자는 동안에, 바로 이웃에 보금자리를 마련한 다른 동물은 이 기간 동안 짤막한 토르퍼 국면을 여러 번 취한다! 우리는 이런 경우를 두고 '편의에 따른 겨울잠'이라고 말하고, 이런 형태의 토르퍼는 계절에 따라 반드시 자는 겨울잠과는 구분하고 있다. 개체 수 전체가 매년 반복해 동일한 패턴을 보이는 겨울잠하고 말이다.

두 가지 정점으로 살펴본 토르퍼 국면에서 긴 국면은 38~190시간 지속되고, 짧은 국면은 2~21시간 계속된다. 따라서 22~37시간 사이는 비어 있는데, 그 어떤 토르퍼도 이 시간대에서 이루어지지 않고 있다. 이미 언급했던 겨울잠과 낮에 이루어지는 토르퍼를 분류했던 게 떠오른다. 하지만 이렇듯 짧은 시간에 이루어지는 토르퍼는 낮에 취하는 토르퍼가 아니다. 이 개념은 생리학적으로 24시간 이상 토르퍼 상태에 들어

갈 수 없는 동물들에게만 해당한다. 꼬마주머니쥐는 이와 반대로 짧든 길든 토르퍼 상태에 빠질 수 있는, 이른바 겨울잠을 자는 동물이다.

흥미롭게도 우리의 꼬마주머니쥐는 토르퍼에 들어가기 전에, 토르퍼의 시간을 길게 할지 짧게 할지를 계획할 수 있다! 우리는 토르퍼를 시작하는 시점에 통계적으로 놀라운 차이를 확인할 수 있었다. 즉 짧은 토르퍼는 오전 8시에 시작하는 반면에, 긴 토르퍼는 저녁 7시 30분에 시작했다. 그런데 토르퍼가 길든 짧든 끝나는 시점은 동일했다. 즉 정오가 바로 지난 시점이었다. 그 이유는 아마도 주변 온도가 올라가 수동적으로 몸을 덥히기에 적합한 시간이라서 그런 게 아닐까 한다.

주둥이가 달린 고슴도치

다음 날 아침 우리는 탐색 구역에 도착했으나 뜻밖의 일이 우리를 기다리고 있었다. 암컷의 겨울잠 데이터를 어제 도서실에서 감탄한 바 있어서 암컷을 찾고자 했다. 하지만 보금자리는 텅 비어 있었다. 이 동물들은 몇 주 전부터 이곳에 머물렀는데 말이다. 우리는 이전의 보금자리를 모두 살펴보았다. 흔적도 없음. 마치 땅속으로 꺼진 것 같았다. 잡아먹힌 것일까? 체계적이고도 대대적인 수색이 필요했다. 우리는 각자 일을 나누었는데, 남편이 측정소를 관리하고 데이터를 내려받을 동안, 나는 이른바 횡단조사를 시작했다.

횡단이란 나침반이나 GPS를 이용해 지역을 임의적인 선으로 나누는 것이다. 몇 미터가 될 수도 있지만 몇 킬로미터가 될 수도 있는데, 종의 출현을 파악하기 위해 야외 연구를 할 때 보편적으로 사용하는 방법이다. 예를 들어 어떤 구역을 횡단으로 나누고 이 구역을 쭉 따라가면서 보게 되는(혹은 들을 수 있는) 모든 양서류의 위치를 기록할 수 있다. 동일한 횡단 구역을 다양한 날이나 계절에 따라 지나가면, 양서류의 군집을 체계적으로 파악할 수 있다. 또는 이와 같은 방식으로 다양한 영역을 비교할 수 있다.

자동차로 돌아와서 나는 여러 시간 걸어 다닐 장비를 갖추고서 출발했다. 중간에 남편과의 연락은 고전적인 방법인 무전기를 이용하기로 했는데, 이곳 덤불에서는 이동 무선 통신이 터지지 않기 때문이다. 대략 10미터를 걸어 다닌 다음에 나는 수신기를 켜고, 안테나를 높이 뽑아 올린 다음 천천히 주변을 돌았다. 그런 다음 배터리를 아껴야 해서 다시 수신기를 껐다. 몇 시간이 지나자 이런 행동은 거의 명상을 하는 것과 같은 느낌을 주었다. 환청인지 뭔지 수신기에서 시끄러운 소음이 흘러나오는 가운데 나지막하지만 "삐~" 소리를 분명 들은 것 같았다. 유감스럽게도 순전히 나 혼자 착각을 한 것인데, 우리의 꼬마주머니쥐 암컷은 사라져버렸다. 이곳은 참으로 외로운 곳이었는데, 수신기를 꺼두면 오로지 멀리서 파도 소리가 들려올 뿐이다.

점심때가 되어 나는 오래되어 보이는 그루터기에 앉았다. 빵을 막 베어 물었는데 내 옆에 있는 덤불에서 뭔가 움직이는 게 느껴졌다. 흙덩이가 날아오르고, 누군가 그곳에서 열심히 뭔가를 하고 있는 게 분명했다. 그것은 바로 덩치 큰 짧은코가시두더지였으며, 4킬로그램은 족히

알을 낳는 포유류이며 겨울잠을 자는 동물: 짧은코가시두더지.

나가는 이 녀석은 그곳에서 개미와 흰개미를 찾는 중이었다. 알을 낳는 이 포유류는 오스트레일리아에서 가장 많이 분포해 있는 토착 동물이다! 이 동물보다 더 널리 퍼져 있는 동물은 이곳으로 묻어 들어온 집쥐밖에 없다. 태즈메이니아처럼 조금 더 서늘한 생활권에서는 가시들 사이에 있는 털들이 단열을 담당한다. 이곳에는 2월 말부터 9월 말까지 겨울잠을 자는 짧은코가시두더지 암컷이 산다는 게 2002년 연구에서 밝혀졌다. 7개월의 겨울잠을 봐야만 한다! 물론 그해에 새끼를 낳지 않는 암컷들의 겨울잠을 관찰했다. 만일 새끼를 배면, 암컷은 7월 말에 이미 토르퍼를 끝낸다. 수컷은 비교적 짧게 겨울잠을 자며 6월 중순부터 활동하기 시작한다. 과학자들은 겨울잠 패턴을 연구한 뒤에 두 가지 국면의 겨울잠에 대해 서술했다. 즉 회귀선(동지와 하지인데, 여기서는 하지를 의미한다—옮긴이)까지 하는 첫 번째 국면은 모든 동물이 하며, 이에 반해 두 번째 국면은 선택적이고 먹이가 부족해 번식을 하지 못하는 해에만 한다. 공통적으로 11일마다 간헐적으로 몸을 덥히는 국면이 있다. 몸을 덥히는 국면은 대략 24시간 소요된다. 이런 형태의 겨울잠에 대해서는 이미 1902년부터 알려져 있었지만, 상세한 연구는 비교적 최근에야 나왔다. 왜냐하면 짧은코가시두더지는 실험실에서는 토르퍼를 취하는 것을 좋아하지 않아서 상당히 오랫동안 야외에서 연구를 해야만 토르퍼의 비밀에 대한 통찰을 얻을 수 있기 때문이다.

짧은코가시두더지의 비밀 가운데 하나는, 수컷이 토르퍼 상태에 있는 암컷을 찾아가서 짝짓기를 해버리는 것이다! 이미 임신한 암컷의 배설물에서도 신선한 정액을 발견할 수 있다. 암컷이 깊게 잠들어 있는 동안, 자궁 속에서 태아가 자란다. 이런 장면을 보면 몇몇 박쥐를 떠올리게 한다. 즉 박쥐의 경우에도 수컷이 토르퍼 상태에서 무기력하게 있는 암컷과 짝짓기를 하는 광경을 적외선 카메라를 이용해 관찰할 수 있다. 이처럼 짝짓기와 토르퍼 사이의 밀접한 연관성은, 겨울잠이 순전히 생존을 위한 메커니즘 그 이상이라는 사실을 보여준다. 실제로 겨울잠은 동물에게 일종의 계절에 속하며 심지어 번식과 같은 기본적인 과정을 배제하지 않는 시기인 것이다.

나는 '거대한 고슴도치'가 곤충 먹이를 찾느라 땅을 파고 있는 것을 방해하지 않고 원래부터 찾고자 했던 암컷 녀석을 찾으러 나섰다. 잃어버린 암컷이 이렇듯 넓은 구역에서 갑자기 다시 나타나준다면 얼마나 좋을까. 노동력이 너무 많이 들어가기 때문에 우리는 표본을 많이 마련해둘 수 없다. 실험실에서 이루어지는 연구는 원하는 수의 쥐를 주문해 정해진 조건하에서 반복적으로 지켜볼 수 있지만 말이다. 야외에서 야생동물을 대상으로 하는 연구에서는 사정이 달라진다. 통계적인 수치를 내기 위한 표본은 충분하지만, 표본 암컷을 잃어버려도 될 만큼 충분히 많지는 않다. 그러니, 계속 찾아보자!

오후 늦게 우리는 오늘은 탐색을 끝내야 한다고 통신을 했다. 이런 결정은 절망적이었는데, 지금까지 이 동물의 토르퍼 데이터는 마치 그림책처럼 아름다웠기에 말이다. 나는 자동차에서 2킬로미터 떨어져 있었지만 돌아가야만 했다. 팔도 아팠으나 가끔씩 멈추어서 안테나를 높이 들어 탐색을 멈출 수 없었다. 혹시 모르지 않는가. 갑자기 신호가 커지면서 분명해졌고, 나는 처음에는 무슨 일인지 파악하지 못했다. 하지만 신호의 속도를 통해, 우리의 꼬마주머니쥐 암컷이 정상 체온임을 알아차릴 수 있었다. 암컷이 살아 있었다. 바로 이곳에서 말이다. 탐색 작업은 할 가치가 있었다. 암컷은 비어 있는 새들의 보금자리를 찾아냈던 것이다! 우리는 반 시간쯤 뒤에 지쳤으나 만족스러운 기분으로 자동차 좌석에 앉았다.

일 년간의 겨울잠

다음 날 우리는 보금자리에서 암컷이 다시금 토르퍼 상태에 있는 모습

편의에 따른 겨울잠: 시드니 북쪽 숲에 서식하는 동부피그미주머니쥐. 실험실에서 이 종은 겨울잠으로 오래 자기 세계 기록을 세웠다.

을 발견했다. 연속해 겨울잠을 자는 것일까 아니면 단기간의 토르퍼일까? 꼬마주머니쥐들은 다양하게 겨울잠을 잘 수 있고 아주 오랫동안 잘 수도 있다. 우리의 꼬마주머니쥐와 가까운 종인 동부피그미주머니쥐(*Cercartetus nanus*)는 심지어 세계 기록을 세웠다. 즉 겨울잠을 일 년 내내 잘 수 있는 것이다. 그 어떤 다른 동물보다 더 오랫동안! 주변 온도 섭씨 7도에서 실험실에 있던 이 동물은 12일마다 몸을 덥히는 국면을 거쳤다. 물은 공급했으나, 에너지는 오로지 체지방에서 얻을 수 있는 상태였다. 실험을 시작할 때 동물들의 체지방은 충분했는데, 야외에서 돌아다니는 동물에 비해 엄청나게 체중이 많이 나갔다. 겨울잠 세계 기록은 실험실에서 그리고 특별한 조건에서만 측정한 것이다. 야외에 서식하는 동부피그미주머니쥐에 관한 데이터는 아직 존재하지 않는다.

남편은 이렇듯 세계 기록을 보유한 동물이 자연적인 조건에서는 어떻게 행동할지에 대한 의문을 떨쳐버릴 수가 없었다. 그리하여 또다시 야외에서 연구하는 프로젝트를 계획하고 말았다! 그는 2년 이상을 시드니 북쪽에 있는 숲에서 여러 가지 야외 연구를 했으며, 나는 몇 달 동안 그를 도왔다. 캠핑카 대신에 우리는 주유소 뒤에 텐트를 치고 기거했는데, 유감스럽게도 숲에서의 캠핑을 금지했기 때문이다. 낭만적이지는 않았지만, 우리는 주유소 화장실을 이용할 수 있었고 작은 카페에서 직접 만든 케이크도 즐길 수 있었다. 토요일은 예외였다. 이날은 오스트레일리아에 있는 모든 오토바이 운전자가 소음과 악취를 풍기려고 이곳에 모여들었기 때문이다. 이날을 제외하면 주유소 뒤에서도 지낼 만했다. 우리는 어차피 대부분의 시간을 언덕이 있는 아름다운 숲에서 보냈고, 오래되고 거대한 유칼립투스 나무들에 둘러싸여 있었다.

연구 방법은 남부 오스트레일리아에서 했던 것과 비슷했다. 송신기를 통해 우리는 동물이 움직이는 반경, 보금자리 선택과 토르퍼 패턴을 조사했다. 계절적인 측면을 고려하기 위해 여름 데이터와 겨울 데이터를 비교했다. 이 지역은 부분적으로 매우 가파른 곳이 많았고, 바닥은 축축하고 미끄러지기 쉬웠다. 빽빽하게 들어선 식물들로 인해 앞으로 걸어가는 게 힘들었다. 커다란 안테나와 무거운 배터리가 들어 있는 배낭을 짊어지고 몇 시간 동안 동물을 찾는 일은 참으로 힘들다. 게다가 양말이 피투성이가 되어 있고는 하는데, 신발이 잘못된 게 아니라 우리 주변에 있던 작은 거머리들 때문이다. 이곳에 올 때는 밝은 색 옷을 입을 것을 추천하는데, 그러면 거머리들이 피부로 파고들기 전에 떼버릴 수 있기 때문이다. 하지만 일단 바지와 양말 사이에 틈이 벌어지면 거머리들은 몇 시간 뒤에나 발견된다. 신발 속에서, 피를 잔뜩 먹어 퉁퉁 불은 채로 말이다.

앞으로 나아가기가 힘들고 피를 빨아 먹는 친구가 있음에도 불구하고 숲에서 하는 작업은 굉장했다. 우리는 카카두(앵무새의 일종), 가시부리새, 큰장수앵무나 큰장미앵무새 같은 아름다운 새들을 볼 수 있었을 뿐 아니라, 거대한 왕도마뱀이 나무 위로 멋지게 올라가는 모습도 관찰했다. 오스트레일리아의 딱새와 웃는물총새 들이 부르는 노랫소리로 대기가 가득 차기도 했다. 그리고 가장 중요한 것은, 꼬마주머니쥐들이 협조적이었다는 점이다. 여름에도 우리는 이들이 토르퍼 상태인 것을 발견했는데 물론 수컷들만이 최대한 네 시간을 지속했다. 이와 반대로 겨울에는 거의 6일 동안 지속되는 토르퍼 국면을 측정할 수 있었다. 이 작업을 통해 야외에서도 겨울잠을 이용한다는 사실을 증명했다. 하지만 최대 20일이 지나면 겨울잠을 끝냈다. 이 동물은 실험실에서는 비록 일 년을 잤지만 자연환경에서는 전혀 그렇지 않았다.

실험실 ≠ 야외

동물들에게서 자연적인 조건과 인공적인 조건 사이에 나타나는 큰 차이는 자주 발견할 수 있다. 체중, 생식 상태, 미세 환경, 계절 등의 요소가 모두 복합되어서 동물에게 영향을 주는 것이다. 따라서 실험실에서 동물을 연구한 뒤에 이 결과를 야외에 있는 동물에게 적용할 때는 주의해야 한다.

동물의 행동뿐 아니라, 생리학도 갇혀 있으면 영향을 받게 된다. 그리하여 야생의 환경에서 활동하는 유대하늘다람쥐(*Petaurus breviceps*)의 토르퍼 패턴은 자유롭게 돌아다닐 수 있게 울타리를 쳐놓은 곳에 있는 동물들의 토르퍼 패턴과 차이가 난다. 야외에서 동물은 토르퍼를 더 자주 이용하며(하루 중 26퍼센트 대 8퍼센트), 토르퍼 국면도 더 오래 지속되고(13시간 대 7시간), 토르퍼 상태에 있을 때 체온은 더 낮다(섭씨 19.6도 대 25도). 따라서 동물들의 실제 체온 변화를 추적하기 위해서는 야외에서 펼치는 연구가 더 중요하다. 이로부터 나온 자료는 동물들의 에너지 소비를 예측할 수 있게 해주며, 이런 예측은 또다시 동물의 먹이에 대한 욕구와 생활권에서 원하는 요구사항을 이해할 정보를 제공한다.

이와 반대로 실험실처럼 통제된 조건에서 더 잘 해결할 수 있는 문제들도 있다. 이를테면 토르퍼는 동물들에게 어떤 환경적 요소를 불러일으키는가. 기온이나 낮의 길이와 먹이는 어떤 역할을 하는가? 이와 같은 외부 요소에 내적 요소가 더해지는데, 이를테면 동물의 나이·성별·조건·번식 수준이다. 야외에서 이렇게 영향을 주는 조건들을 서로 나누고 쪼개서 연구한다는 것은 지속적으로 변하는 상황에서 기본적으로 불가능하다. 반대로 실험실에서는 영향을 미치는 다른 요소는 최소화한 상태에서 개별 요소의 역할이 무엇인지 조사할 수 있다.

동부와 서부 꼬마주머니쥐들의 토르퍼 행동에서 낮의 길이가 갖는 역할을 통제된 조건하에서 관찰하고, 이로부터 얻은 결과를 2017년 발표했다. 온도와 먹이의 양은 19개월 이상 일정하게 유지했다. 이와 같은 조건에서 꼬마주머니쥐는 매달 토르퍼를 이용했고, 토르퍼의 강도는 계절에 따라서 달라졌다. 토르퍼 지속 시간은 낮의 길이가 짧아지면 더 늘어났고, 겨울에는 여름보다 토르퍼 상태에 있는 시간이 60퍼센트 더 길었다. 이는 낮의 길이가 동물의 생리학에 강력한 영향을 준다는 의미다.

야외 연구와 실험실 연구를 조합하는 것이 생태생리학적 질문에 대답하기에 가장 좋은 방법일 때가 많다. 즉 우선 자연 조건에서 생태적 패턴을 관찰하고 이어서 통제된 조건에서 생리학적이고 특수한 질문에 대답하면 된다. 혹은 실험실 작업을 바탕으로 세운 가정들을 야외에서 직접 검사해보면 된다. 동부꼬마주머니쥐는 실험실에서는 겨울잠을 최고로 많이 자는 동물에 속하지만, 자연 조건에서는 누가 겨울잠 세계 챔피언이 될까?

놀랍게도 야외에서 가장 오랫동안 겨울잠을 자는 동물은 유럽에 사는 동물인데, 빈 출신의 동료들이 2015년에 발표했다. 바로 다람쥐꼬리겨울잠쥐(독일 이름은 '일곱겨울잠')다. 야외에서 11개월 동안 겨울잠 상태이므로 일곱이 아니라 '열하나겨울잠'이라고 이름을 붙이는 게 더 어울리지 않을까! 기록적으로 겨울잠을 길게 잔 해는 먹이가 부족했고, 그래서 동물들은 믿기 힘들 정도로 겨울잠을 길게 자는 방식으로 대응했던 것이다. 겨울잠이 길어질수록, 자신의 유전자를 자손에게 물려줄 시간이 더 짧아져서 문제가 된다.

북극땅다람쥐와 같은 극단적인 겨울잠 동물들에게는 특히 시간이 없다. 즉 북극의 툰드라에 적응한 이들 종의 암컷은 7월부터 4월까지 겨울잠을 잘 수 있다. 이들이 4월에 보금자리에서 나오면, 2~4일 안에 임신을 할 수 있게 되고 6일 안에 대체로 수컷 두 마리와 짝짓기를 한다. 이 시기는 여전히 살을 에는 추위이고(섭씨 영하 41도까지 내려간다!) 땅의 70퍼센트는 여전히 눈으로 덮여 있다. 암컷들은 활동을 개시한 첫 달에 체중의 55퍼센트까지 상실하는데, 5월 중순이 되어서야 비로소 먹이가 충분해지기 때문이다. 암컷은 임신 기간이 25일인데, 이렇듯 어려운 조건 속에서 잘 버텨야만 한다. 7월 초 어린 새끼들이 집에서 나간다. 이어서 암컷은 매일 열한 시간까지 먹이를 찾느라 바쳐야 하는데, 겨울잠을 자기 위해 지방을 충분히 비축하기 위해서다. 이런 시기 역시 매우 스트레스를 받을 것처럼 들린다!

동물들은 이런 스트레스를 어떻게 푸는지 과학자들은 알고자 했고, 연구 결과를 2015년에 발표했다. 이를 위해 과학자들은 캐나다 유콘(Yukon)에서 땅다람쥐들의 호르몬 수치를 검사했는데, 특히 글루코코티코이드(glucocorticoid: 부신피질에서 분비되는 스테로이드 호르몬—옮긴이)를 유심히 관찰했다. 이 호르몬 그룹은 뇌에서 온도를 조절할 뿐만 아니라 태아의 성장에도 관여한다. 글루코코티코이드의 수치는 임신 전과 초기에 매우 높지만, 태아가 어느 정도 자라서 더 이상 위험하지 않을 때쯤에 급속하게 줄어든다. 야외에서 활동하는 동물들에게서 이 호르몬을 측정하는 경우는 대단히 드물며, 우리는 여전히 둘 사이의 연관성을 많이 이해하지는 못하고 있다. 어쨌거나 분명한 것은, 정교하게 조절하는 호르몬 분비는 스트레스를 견딜 수 있는 수준으로 유지하는 데 결정적으로 중요하다는 점이다.

산에 사는 유대류

우리의 꼬마주머니쥐는 그와 같은 스트레스를 알지 못한다. 이 동물은 겨울잠을 자는 순위를 매겼을 때 제일 마지막에 위치한다. 다람쥐꼬리겨울잠쥐나 땅다람쥐와 달리 꼬마주머니쥐는 토르퍼를 가끔 이용할 뿐이고, 겨울잠을 자는 국면은 개체 사이에 큰 차이가 있다. 이렇듯 편의에 따라 겨울잠을 자는 것 외에 오스트레일리아에는 계절이 되면 반드시 겨울잠을 자는 동물이 있는지? 물론 있다. 두 종류가 있다. 그중 한 종은 이미 언급한 짧은코가시두더지이고, 다른 종은 꼬마주머니쥣과다.

꼬마주머니쥐〔*Burramys parvus*: 꼬마주머니쥐는 꼬마주머니쥐속(Burramys) 가운데 현존하는 유일한 종이다—옮긴이〕는 체중이 40그램으로 지금까지 언급한 두 종류의 꼬마주머니쥐종에 비해 큰 편이다. 이 꼬마주머니쥐는 왜 계절이 되면 겨울잠을 자고, 반면에 다른 두 종은 편의에 따라 겨울잠을 자는 것일까? 이유는 생활권에 있다. 즉 산에서 생활하기 때문이다. 심지어 오스트레일리아의 한가운데 스키를 타는 지역에 있다. 거의 5000미터나 되는 몽블랑과 비교하면 오스트레일리아의 알프스는 별것 아니다. 가장 높은 곳이 2000미터니까. 하지만 눈이 많이 내리는 한겨울이면 이 높이도 충분히 높다. 산에 사는 꼬마주머니쥐는 이런 산에 살고 있고, 눈이

북아메리카에 사는 사진 속의 리처드슨땅다람쥐(*Urocitellus richardsonii*)처럼 땅다람쥐는 설치류 가운데 겨울잠 자기 대가(大家)에 속한다.

오면 꼬마주머니쥐는 진정한 의미에서의 겨울잠으로 대응한다.

겨울 시즌은 오스트레일리아에서 늦가을(4월)에 시작하고, 첫눈이 내리기 전이다. 겨울잠을 자는 많은 동물들처럼 토르퍼 국면은 겨울잠을 시작할 때와 끝날 때쯤에 짧고 한겨울처럼 길게 자지 않는다. 체온은 야외에서 사는 동물의 경우 첫 주에 섭씨 7도까지 내려가고, 나중에 섭씨 2도까지 내려간다. 실험실에서는 섭씨 2도보다 더 낮을 때도 있었으며, 이곳에서의 산소 소비는 최소였다(1그램과 1시간당 0.033밀리리터). 이와 같은 주변 온도에서 약간만 벗어나더라도 토르퍼 상태에 있는 동물들은 놀라울 정도로 에너지를 소모해야만 한다. 예를 들어 주변 온도가 섭씨 8도까지 올라가면 산에 서식하는 꼬마주머니쥐는 산소 소비량이 30퍼센트 더 늘어난다! 주변 기온이 최소 한계치 아래로 내려가면 훨씬 더 많은 산소를 소비하게 될 것이다. 즉 이를테면 이 동물이 섭씨 0도에 노출되면, 신진대사는 여덟 배(산소는 1그램과 1시간당 0.27밀리리터까지) 늘어난다. 왜냐하면 주변에서 갑자기 온기가 사라지면 체온을 방어하기 위해 몸에서 열기를 생산하여 균형을 맞추어야 하는 까닭이다.

에너지 절약만이 주변 온도에 의해 좌우되는 게 아니며, 개별 토르퍼 국면의 길이도 마찬가지다. 섭씨 2도에서 토르퍼는 최대 14일간 지속할 수 있고, 섭씨 8도에서는 9일로 줄어들고 섭씨 0도에서는 6일까지 줄어든다. 더 짧은 토르퍼 국면은 자동적으로 겨우내 몸을 덥히는 과정을 좀 더 자주 해야 한다는 의미가 되며, 이는 또다시 값비싼 비축 에너지를 소비해버리는 것이다. 이런 숫자들은 주변 조건이 약간만 변해도 겨울잠을 자는 동물들이 정교하게 균형을 잡은 에너지 소비가 방해받을 수 있음을 분명하게 보여준다. 따라서 기후변화로 인해 주변 온도가 약간만 변하더라도 겨울잠을 자는 동물에게는 엄청난 결과를 줄 수 있다. 꼬마주머니쥐처럼 고산에서 겨울잠을 자는 동물은, 기온이 따뜻해지거나 현재 머무는 거처에 눈이 내려서 더 이상 살 수 없는 경우에도 더 이상 '위쪽으로' 올라갈 수 없다는 문제를 안고 있다. 높은 산에 서식하는 꼬마주머니쥐는 특히 심각한 어려움에 처한다. 기온 변화와 이로 인해 겨울에 소비하는 에너지의 총량으로 인한 문제점 외에도 이 동물들의 생활권이 점점 스키 관광객을 위한 구역으로 탈바꿈하고 있는 문제도 있다. 개체군이 줄어들고 있으며, 이 종은 세계자연보전연맹(International Union for Conservation of Nature, IUCN)에서 '심각하게 위험에 처해 있는(critically endangered)' 종으로 간주하고 있다. 그러니까 멸종의 위험이 있다는 말이다.

차가운 심장

서부꼬마주머니쥐의 겨울잠이 계절에 따르지도 않고 강렬하지는 않더라도, 에너지는 상당히 절약할 수 있다. 1987년에 실시한 연구에 따르면, 이 동물은 토르퍼에 임한 체온이 섭씨 4.7도일 때 신진대사율이 1그램과 1시간당 0.046밀리리터라고 한다. 이는 정상상태와 비교했을 때 신진대사를 99퍼센트나 줄인 양이며, 계절에 맞게 겨울잠을 자는 동물과 비교하더라도 하나도 뒤떨어지지 않는다! 신진대사가 그처럼 극단적으로 줄어들고 몸 안에서 열을 생산하지 않는 상태에서 체온이 주변 온도로 신속하게 내려가면, 심장은 도대체 어떻게 될까?

심장은 자율신경계의 통제를 받는다. 이름에서도 알 수 있듯이, 이 신경체계는 우리의 의지와는 상관없이 작동한다. 자율신경계는 몸속에 있는 기관들을 관리하고, 심장·장·방광·폐·분비선·혈관이 함께 안정적으로 작동하게 함으로써 신체의 항상성을 유지한다. 이와 반대로 근육과 감각기관을 관장하는 체성신경계는 우리 의지에 따라서 통제할 수 있다. 따라서 우리는 다리 근육에게 달리라는 명령을 할 수 있지만, 우리 장이나 심장 근육의 활동에는 영향을 미칠 수 없다.

자율신경계는 두 가지 부분으로 이루어지는데, 교감신경계와 부교감신경계다. 지극히 단순하게 설명하자면, 교감신경은 변화를 담당하는데, 도주 행동을 비호한다(예를 들어 심장 박동과 혈압을 높이고, 신속하게 에너지를 공급하게끔 한다). 이와 반대로 부교감신경은 회복을 지원한다(활동력을 줄이고, 소화를 촉진한다). 심장에도 똑같은 일이 일어난다. 즉 부교감신경은 심박동이 감소하게 하고, 이와 반대로 교감신경은 심박동을 올리는 긍정적인 효과를 준다. 토르퍼 상태에 있는 심장은 대체적으로 부교감신경의 통제 아래에 놓여 있다고 보면 된다. 1989년 실험실에서 이루어진 연구에 의하면, 분리된 심장이 멈추는 온도는 토르퍼를 취하는 온도에 달려 있다고 한다. 즉 어떤 동물이 토르퍼를 전혀 이용할 수 없으면, 이 동물의 심장은 섭씨 13도에서 멈추고, 낮에 토르퍼를 이용하면 심장이 망가지는 온도는 섭씨 7도, 이와 반대로 겨울잠을 자는 종들은 섭씨 1도다. 이런 온도는 종마다 다르고 고정된 수치로 봐서는 안 되지만, 그럼에도 이런 비교는 인상적이다.

토르퍼 상태에서 심장을 조절하는 것과 관련하여 부교감신경의 역할은 2003년 서부꼬마주머니쥐들을 대상으로 연구했다. 이때 사람들은 부교감신경의 적이자 길항체인 아트로핀(atropine: 부교감신경을 억제하며, 수용체 부위에 아세틸콜린 농도가 높으면 약물의 효과가 나타나지 않을 수 있다—옮긴이)을 이용했다. 이는 아트로핀은 아세틸콜린이라고 부르는 신체 내의 신경전달물질과 함께 수용체 주변에서 경쟁을 벌인다는 의미다. 여기에서 수용체란 부교감신경의 기능에 결정적으로 중요하다. 아트로핀으로 치료를 한 동물에게서 심장 박동은 눈에 띄게 변했다. 대조군에서는 심장 박동이 분당 대략 18회였다. 이와 반대로 아트로핀을 주입한 동물들은 분당 심장 박동이 44번이나 뛰었다. 이 결과는 유대류가 토르퍼 상태에 있을 때 심장의 조절에는 부교감신경이 중요한 역할을 한다는 사실을 말해준다. 이럴 때 유대류는 태반이 있는 포유류와 거의 구분이 안 된다.

심장 박동수는 에너지 소비를 정확하게 말해주는 지표일 수 있다. 박쥐가 토르퍼 상태에 있을 때도 그러하다고 2014년에 처음으로 밝혀졌다. 정상적인 신진대사를 측정할 때는 팔뚝 밑에 전극을 붙여서 심장 박동수를 측정할 수 있다. 신진대사로 인해 잘 알고 있지만 심장 박동수는 온도에 상당히 많은 영향을 받는다. 정상 체온 상태에서 작은 박쥐의 심장은 섭씨 25도일 때 분당 230회 뛰고, 5도에서는 700회 이상 뛴다. 토르퍼 상태에 있는 동물은 섭씨 25도일 때 심장이 144회 뛰고 섭씨 1도에서는 심장 박동수는 믿을 수 없을 정도로 줄어드는데, 분당 8회다! 신진대사가 이렇게 줄어들기 때문에 토르퍼 상태에서 심장의 기능은 96퍼센트까지 떨어지기도 한다.

수동적으로 몸 덥히기

다음 날 아침에 자동차에서 내려 따뜻한 공기를 마시자 내 심장 역시 더 빨리 뛰었다. 뜨는 해는 하늘을 알록달록 물들였고 멀리서 부드럽게 파도 소리도 들려왔다. 기온은 지난 며칠에 비해 확연하게 올랐고, 겨울은 떠나려는 것 같았다. 며칠 전만 하더라도 우리의 꼬마주머니쥐는 토르퍼 상태에 있었다. 우리는 이 동물의 보금자리로 달려가서 노트북을 측정소와 연결했다. 화면에 뜨는 숫자들로 판단해보니, 이 동물은 이제 겨울잠을 끝낸 것이 분명했다. 며칠 전부터 더 이상 토르퍼를 이용하지 않았다.

우리는 연구하는 기간의 60퍼센트 이상을 토르퍼 상태에 있는 체온을 조사했다. 이제 주인공인 동물들을 확인하고 주변 온도와 토르퍼 국면의 시간을 산출해내고자 했다. 우리가 꼬마주머니쥐를 토르퍼 상태에서 발견했던 밤에는 이 동물이 정상 체온을 유지했을 때에 비해 훨씬 추웠다. 섭씨 8도가 최저 한계치인 것 같았다. 동물들이 몸을 덥히는 과정이 있었던 날들은, 그들이 토르퍼 상태에 머물 때에 비해 훨씬 더 따뜻했다. 동물이 잠에서 깨어나도록 유혹하는 온도는 섭씨 13도인 것 같았다. 이것은 에너지와 관련해 합당한 원인이 있었다.

데이터를 더 상세하게 분석하면서 우리는, 꼬마주머니쥐는 주변 온도가 상승하면 이와 동시에 몸을 덥히기 시작한다는 사실을 확인했다. 체온이 처음으로 상승하던 섭씨 2도는 단지 보금자리 온도에 맞춘 것이어서 동물에게는 에너지를 별도로 소비할 필요 없이 공짜였다. 체온 변화를 가리키는 곡선에서도 알아볼 수 있다. 만일 수동적으로 몸을 덥히면, 곡선은 주변 온도와 함께 서서히 상승한다. 하지만 몸의 내부에서 열을 생산하기 시작하면, 체온 곡선은 주변의 온도와 대조적으로 눈에 띄게 상승하는 모습을 볼 수 있다.

이런 결론은 비교적 덩치가 큰 꼬마주머니쥐들을 실험실에서 관찰한 결과를 바탕으로 하고 있다. 체온과 신진대사량을 동시에 측정해야만 비로소 동물들이 체온을 어떻게 관리하는지 정확하게 분석할 수 있기 때문이다. 만일 동물들의 체온에서 야외에서 매일 활동하는 체온의 변화가 나타나면, 몸을 덥히는 과정이 주변 온도의 상승과 동시에 이루어지고 있다는 것을 보여준다. 이 시점에 우리는 신진대사량(순수하게 온도의 효과를 도외시하고)의 변화 없이 체온이 증가하는 것을 보게 된다. 섭씨 20도라는 최저 한계치에 이르면, 갑자기 산소 소비량이 대량으로 증가하고, 그러면 몸의 내부에서 열을 생산하기에 이른다. 이 시점이 되면 체온 곡선도 상승세를 보여준다. 수동적으로 몸을 데움으로써 동물들은 몸을 덥히는 데 필요한 소중한 에너지를 절약하고 토르퍼 국면에 들어가는 총에너지를 절반으로 줄일 수 있다. 이런 결과를 바탕으로, 우리는 꼬마주머니쥐들처럼 야외에서 활동하는 동물이 필요로 하는 에너지양을 예측할 수 있다.

이와 같은 결과에서 중요한 점은, 기본적으로 이 결과를 다른 작은 포유류들에게 적용할 수 있다는 것이다. 한편으로 우리는 보호종으로 나와 있는 특정 동물들에 대한 정보를 수집한다. 예를 들어, 동물 한 마리는 계절이 바뀌면 어느 정도의 에너지를 소모할까, 자신의 생활권에 대해 어떤 요구를 할까? 이로부터 다음과 같은 질문을 도출해낼 수 있다. 이 동물이 건전한 개체군으로 살아가려면 국립공원에서 어느 정도의 면적이 필요할까? 다른 한편으로, 좀더 고차원적이고 방대한 문제를 논의하는 것도 중요하다. 이를테면, 작은 포유류들이 토르퍼를 이용할 때 환경 요소들이 변하면 어떤 의미를 갖게 되는지, 이는 생활권을 미래에 사용할 경우와 다른 곳으로 이동할 때 어떤 영향을 줄 수 있는지와 같은 측면이다.

우리가 야외에서 연구하는 시즌이 거의 막바지에 이르렀다. 비교적 잘 알려지지 않았던 사실, 그러니까 야외에서 기회가 될 때 겨울잠을 자는 사례에 대해 새롭게 통계를 얻게 되었고 이로써 작은 포유류들의 생존 전략도 알게 되어서 우리는 만족스러웠다. 오스트레일리아 야외에서 겨울잠을 자는 동물은 소수에 불과하다. 물론 모든 오스트레일리아 꼬마주머니쥐 가운데 대략 43퍼센트만이 토르퍼를 이용하지만 말이다. 낮에 이용하는 토르퍼는 예측할 수 없는 환경에 따라 대단히 많이들 이용하고 있지만 우리의 꼬마주머니쥐는 예외에 속한다.

몇 달 동안 캠핑카에 있는 얄팍한 매트 위에서만 자다가 마침내 제대로 된 침대에서 잠을 잘 수 있게 될 전망이라 나쁘지 않았다. 하지만 나는 무거운 마음으로 파도와, 고래, 포도주와 꼬마주머니쥐들과 이별했다. 우리의 꼬마주머니쥐들이 살고 있는 작은 생활권은 끝없이 이어진 양 방목장과 포도나무 줄기로 둘러싸여 있었고, 이 동물들은 몹시 연약하고 공격받기 십상이었다. 비록 이 종은 그 자체로 멸종 위기로 위협받고 있지는 않지만—세계자연보전연맹은 이들을 '위험에 처하지 않음

(least concern)'으로 평가한다—그들이 생활하는 공간이 소실되는 경우는 점점 늘어나고 있다. 산업국가들 가운데 오스트레일리아는 해양과 육지의 생활권이 파괴되는 문제에 있어서 선구자의 위치에 있다. 게다가 오스트레일리아에는 슬픈 칭호도 붙어 있다. 즉 포유류에 속하는 종들이 가장 많이 멸종하는 나라!

친구여, 걱정하지 말라고?

지난 200년 동안 전 세계에서 멸종한 포유류 가운데 50퍼센트가 오스트레일리아 포유류들이었다. 오스트레일리아에서 볼 때 이는 포유류 30종에 이르며, 1788년부터 오스트레일리아에서 살았던 모든 육지 포유류 가운데 10퍼센트에 해당한다! 그 밖에 20종은 멸종 위기에 처해 있다고 간주된다. 이렇게 된 주된 원인은 이곳으로 데려온 동물들 때문인데, 무엇보다 유럽인들이 오스트레일리아에 이주하면서 데려온 고양이와 붉은여우(*Vulpes vulpes*) 때문이다. 이 경우에 '이주'라는 개념을 사용하는 문제를 두고 논쟁이 많이 있었는데, 사실 '침입'이라는 표현이 더 적절하다고 볼 수 있다. 왜냐하면 이 시기에 오스트레일리아에는 이미 오스트레일리아 원주민 애보리진(aborigine) 75만 명이 살고 있었기 때문이다. 이 원주민들의 문화는 세계에서 가장 오래된 문화에 속한다. 2017년 3월 공신력 있는 과학 잡지 〈사이언스(Science)〉에 발표된 연구에 따르면, 5만 년 전 오스트레일리아에 최초로 거주하게 된 과정이 유일하게 식민지화되는 과정이었다고 한다. 이곳이 척박한 환경이었음에도 불구하고 인간은 곳곳으로 퍼져서 500가지의 다양한 언어와 방언으로 발전했다. 원주민은 유럽인에 의해 자신들이 살고 있던 땅으로부터 폭력에 의해 강제로 쫓겨났고 수만 명이 살해되기도 했다. 유럽의 이주민들이 들어옴으로써 질병도 함께 가져왔고, 이로 인해 또 대대적으로 죽임을 당했다. 1900년과 1970년 사이에 대략 2만 5000명의 아이들을 가족으로부터 빼앗아서 보육원에 강제로 넣었다. 오늘날 원주민 애보리진은 오스트레일리아 전체 인구에서 2퍼센트가 약간 넘을 뿐이고(이는 대략 45만 명에 해당함), 대부분 가난에 허덕이며 살고 있다. 2008년 2월 당시 총리였던 케빈 러드(Kevin Rudd)가 공식적으로 사과를 했음에도 불구하고, 인종살해에 대한 공식적인 처리는 여전히 이루어지지 않고 있다.

영국인들은 새로운 고향에서도 여전히 전통적으로 해오던 여우사냥을 하고자 했고 이렇게 할 목적으로 여우들을 풀어놓았다. 그 밖에도 영국인들은 19세기 초반에 고양이도 데리고 들어왔는데, 고양이는 100년 동안 오스트레일리아 전 지역에 퍼지게 되었다. 생리학적 유연성 덕분에 고양이는 메마른 지역을 포함하여 지극히 다양한 환경에서 살아남을 수 있다. 왜냐하면 고양이는 마실 물이 없어도 놀라울 만큼 잘 견디기 때문이다. 그들이 섭취하는 먹이의 90퍼센트는 포유류이며, 이들 가운데 절반은 본토에 사는 동물들이고, 다른 절반은 집토끼(외래종으로 이 역시 골칫거리로 간주하고 있음)다. 고양이와 여우는 오랫동안 방해받지 않고 발전한 오스트레일리아의 동물군(群)에 심각한 영향을 끼쳤다.

오스트레일리아와 뉴기니가 초대륙 곤드와나(2억 년 전 현재의 남반구 땅

전체를 포괄하던 과거의 초대륙으로, 특히 아프리카·남아메리카·남극·오스트레일리아-뉴기니가 속한다—옮긴이)로부터 분리된 이후, 오스트레일리아의 자연은 5000만 년 동안 외부 영향을 받지 않은 채 소외되어 있었다. 오스트레일리아에 있는 모든 동물 가운데 80퍼센트 이상이 이 지역 고유한 것으로, 오로지 이곳에서만 볼 수 있으며 다른 어떤 곳에서도 찾아볼 수 없다. 생태적인 균형이 잘 잡혀 있었던 것이다. 따라서 외래종의 도입은 이처럼 유일무이한 동물의 세계에 참담한 결과를 가져왔고 지금도 마찬가지다.

맹수들과 집토끼만 파괴적인 외래종에 속하는 게 아니라, 양서류도 오스트레일리아에서 극적인 죽음을 야기하고 있다. 수수두꺼비(*Rhinella marina*, 예전 *Bufo marinus*)는 원래 퀸즐랜드의 사탕수수 농장에 막대한 피해를 주는 바람에 수확물이 줄어들게 하는 해충을 엄청나게 많이 잡아먹는다는 이유로 도입되었다. 1935년에 하와이에서 101마리를 들여와, 지역에서 키운 다음에 들판에 풀어주었다. 유감스럽게도 커다란 두꺼비의 선(腺)에서 나오는 분비물에 독성이 있고 그리하여 다른 동물들이 두꺼비를 먹으면 죽게 된다는 사실을 생각하지 못했던 것이다. 토착종이었던 동물들, 그러니까 악어나 도마뱀과 맹수 들은 수수두꺼비를 잡아먹은 뒤에 개체 수가 급격하게 줄어들었다. 외래종이 침범한 속도는 지난 80년 동안 다섯 배가 되었다. 또 다른 측면으로, 새롭게 세력을 굳힌 두꺼비들은 오래전부터 본토에서 서식하던 두꺼비들에 비해 다리가 더 길다는 점도 있다. 이는 신속하게 진화한 인상적인 본보기가 될 수 있다. 두꺼비는 단 하룻밤 사이에 2킬로미터를 이동할 수 있다. 이들은 그

사이 열대 지역과 아열대 지역에서 100만 제곱킬로미터 이상 퍼져 살며, 확산이 멈출 기미는 보이지 않는다. 두꺼비가 그토록 파괴를 많이 할 수 있다고 누가 상상이나 했겠는가?

외래종이 유입되었을 뿐 아니라 유럽인들이 토지를 달리 사용함으로써 오스트레일리아의 자연은 변할 수밖에 없었다. 식물계와 동물계는 항상 상호작용을 통해 촘촘하게 얽혀 있다. 원래 식물들이 있던 땅은 대대적으로 목초지와 경작지로 변해버렸다. 연구 목적으로 울타리를 쳐서 목초지에 가축을 키우는 실험을 해보니, 원래의 식물 세계가 눈에 띄게 회복됐다. 최초로 긍정적인 변화는 이미 매우 좁은 면적(1제곱미터의 면적에 2년 동안 울타리를 쳤다)에서 나타났지만, 장기적인 효과는 20년 동안 방목을 전혀 하지 않을 경우에만 나타났다. 유감스럽게도 잠깐 동안 자연에 휴식 기간을 주는 일은 그다지 유용하지 않다. 자연환경의 훼손은 또한 불을 지르는 행동도 한몫을 한다. 원주민 애보리진은 사냥 수단으로 불을 지르는 오랜 문화를 갖고 있으나 소관목과 그 밖의 불에 잘 타는 물질을 최소화하여 치명적인 화재를 피했다. 그러나 이런 지식은 오랫동안 무시되었고 그 결과 심각한 산불이 발생했다.

이런 요인으로 인해 오스트레일리아에서 살던 많은 종의 동물은 원래 널리 서식하던 것과는 달리 그사이 지극히 소수만 남아 있다. 극단적인 경우, 연안의 작은 섬 몇 군데에는 고양이와 여우가 없다. 이곳과 사육장에서 종의 멸종을 막기 위해 노력하고 있다. 그러나 이들의 장기적인 전망은 어떨까?

나는 오스트레일리아 서부 해안에 있는 샤크만(Shark Bay)에서 종을 보호하는 프로젝트에 참여했을 때 이런 어려운 질문을 받았다. 이곳에서 우리는 오스트레일리아 중에서도 이 섬에서만 살아남아 있으며, 멸종의 위협을 받고 있는 두 종류의 왈라비를 연구하고 있었다. 이 프로젝트는 사육장에서 풀어준 다음에 이 동물들의 행동반경을 조사하는 일을 했다. 이로부터 이 동물들을 보호할 전략을 개발하기 위해서였다. 왈라비를 많은 비용을 들여서 키운 다음에 송신기를 부착해 좁은 영역에 방출했다. 이 동물이 밤에 이동하는 구역을 기록하느라 우리도 한 달 동안 밤에 활동했다. 하지만 이 프로젝트는 갑작스럽게 끝나버렸다. 전기울타리를 쳐두었음에도 고양이 한 마리가 조사 구역으로 들어와서 모든 동물을 금세 죽여버렸기 때문이다. 이렇듯 지극히 적응을 잘하는 사냥꾼이 배가 고파서 동물을 잡아먹고 외부 요인에 의해 관리되지도 않기에, 고양이는 오스트레일리아에서 다른 동물들이 거주하는 데 커다란 방해물이다.

야외에서 거의 멸종하기 일보 직전에 있는 동물들을 대상으로 작업을 하면서, 철학에 가까운 질문들이 밀려왔다. 인간은 한 가지 종을 지키기 위해 어떤 대가든 치러야 할까? 어느 정도의 비용을 들여야 이런 행동을 정당화할 수 있을까? 이 동물이 원래 살았던 생활권이 사라졌는데, 이 종은 어떤 미래가 있을까? 동족과 생활권이 없는데도 살아야 한다면, 이런 삶은 어떤 가치가 있을까? 개체의 행위와 행동을 결절하는 환경이 없는데 하나의 종은 어떻게 될까? 오스트레일리아에서는 바로 이런 의문이 그 어떤 곳에 있을 때보다 더 생생하게 떠올랐다. 유감스럽게도 이런 문제는 정치적 차원에서 경청해주는 사람이 없다. 우리의 꼬마주머니쥐와 오스트레일리아에 사는 다른 모든 야생동물을 위해 나는 사람들의 생각이 바뀌기를 진정 바란다. 사랑스러운 동물들이 함께 사는 놀라운 자연을 보존하기 위해 말이다. 이들이 겨울잠을 자든 그렇지 않든.

8

규칙이 없는 원숭이들

어떻게 잠잘 곳을 준비할까

나는 노트북 앞에서 머리를 절레절레 흔들었다. 뭔가 데이터가 맞지 않는 것 같아서다. 지난 몇 달 동안 토르퍼 패턴은 더 이상 기대할 수 없을 정도로 완벽하게 나왔다. 동물들의 체온은 아침 일찍부터 오후가 끝나는 시점까지 아홉 시간 동안 주변 기온의 변화에 따라서 수동적으로 올라갔고 이어서 열다섯 시간 동안 다시 내려갔다. 이와 같은 방식으로 섭씨 20도 이상이나 되는 기온 차이를 해결했던 것이다. 겨울잠을 자는 동물이 낮 시간 동안 그처럼 체온이 많이 변하는 경우는 없었다. 진폭이 이토록 큰 온도 차이는, 특별한 문제가 없다면 괜찮다. 하지만 이런 상태를 보고 고개를 절레절레 흔든 것은 아니었다. 그게 아니라, 겨울잠을 잔 이 패턴의 경우에는 기본적인 측면이 빠져 있는데, 겨울잠을 자는 다

겨울잠을 자는 여우원숭이의 고향인 마다가스카르 서부의 열대 건조림. 뒤쪽으로 이 지역의 특징이라 할 수 있는 바오바브나무가 보이는데, 겨울잠을 자는 동물들이 이곳을 보금자리로 이용하는 것을 좋아한다.

른 동물들이 하나같이 실행하고 있는 부분이다. 즉 몸을 덥히는 국면이 빠져 있었다.

그래픽에서 몸을 덥히는 단 하나의 과정도 찾아볼 수 없었다. 이는 불가능하며, 뭔가 데이터가 누락되었고 이로 말미암아 몸을 덥히는 국면을 지나쳤을 것이다. 이 개체가 70일 전부터 몸을 덥히는 국면 없이 토르퍼 상태에 있었다니, 말이 안 된다. 이 원숭이들은 모든 겨울잠 규칙을 무시하는 것 같았다! 여우원숭이 전문가인 나는 믿을 수 없어서 다른 동물의 데이터를 살펴보았지만, 여기에서도 동일한 결과가 나왔다. 즉 중단하지 않고 63일 동안 토르퍼에 있었다. 세 번째 동물은 또 전혀 달랐다. 이 개체는 매일 체온의 변화는 거의 없었고, 그 대신에 간헐적으로 몸을 덥히는 국면을 거쳤음을 알 수 있었다. 교과서에서 읽을 수 있는 것처럼 체온은 매주 한 번 정상치를 기록했다. 다음번 동물을 살펴보았는데 이와 동일했다. 어떻게 이렇게 다른 결과가 나올 수 있으며, 두 달 동안 토르퍼 상태에서 어떻게 살아남을 수 있는 것일까?

이 질문의 답을 찾기 위해 동물의 체온이 기록되어 있는 파일을 다시 한번 유심히 살펴보았다. 매일 보여주는 체온의 변화는 몸을 덥히는 국면의 등장과 그런 과정의 부족과 관련이 있는 것 같았다. 즉 체온의 변화가 큰 폭으로 차이가 나면 몸을 덥히는 국면이 없었던 것이고, 약간의 체온 차이는 간헐적으로 몸을 덥히는 국면이 있었다는 증거라고 말이다. 갑자기 어떤 아이디어가 떠올라서 나는 무선 원격 추적기를 들고 숲으로 갔다. 관찰하는 동물들의 보금자리의 위치를 다시 한번 찾아보고, 보금자리로 이용하는 모든 나무를 측정하느라 하루 종일을 보냈다. 나무의 굵기, 보금자리 구멍의 높이, 나무 안에서 보금자리의 위치, 보금자리 구멍을 둘러싸고 있는 나무둥치의 두께와 그 밖의 특징들을 꼼꼼하게 기록했다.

내가 의심했던 게 적중했다. 보금자리의 상태와 겨울잠을 자는 패턴 사이에 직접적인 연관이 있었던 것이다. 나무의 선택은 토르퍼 형태에 직접적으로 영향을 주었는데, 어떤 나무를 선택하느냐가 외부와의 절연을 어느 정도 해주는지를 결정했기 때문이다. 나무가 굵을수록 보금자리의 온도는 조금밖에 변하지 않았다. 이는 지극히 논리적이다. 즉 우리가 집에 있는 벽의 절연을 잘해두면, 실내 기온은 외부의 기온으로부터 영향을 적게 받는다. 몇몇 보금자리는 나무 깊숙한 곳에서 발견했는데, 20센티미터 이상 두꺼운 나무껍질로 둘러싸여 있는 곳이었다. 따라서 보금자리의 온도는 주변 온도의 변화로부터 안전하다. 이런 보금자리를 선택한 동물들은, 우리가 고슴도치, 박쥐에게서 봤던 대로 1주마다 몸을 덥히는 국면을 보여준다. 하지만 여우원숭이가 얇은 나무를 선택하면, 보금자리는 절연이 잘되지 않고 따라서 체온의 변화는 낮 동안 상당히 요동을 친다.

얄팍한 나무를 보금자리로 선택한 여우원숭이는 갑자기 전 세계적으로 생물학적인 화젯거리가 되었다. 2주마다 간헐적으로 몸을 덥히는 국면은 그때까지 겨울잠을 자는 동물이 절대적으로 해야만 하는 생리학적인 행동이었다. 따라서 이 연구의 결과는 겨울잠에 관한 연구에 물의를 일으켰다. 이 연구는 2004년 명망 있는 전문잡지 〈네이처(Nature)〉에 발표되었다.

몸을 덥히는 국면 없이 살아남을 수 있는 능력은 영장류의 특징이 아니다. 그사이 우리가 알게 된 사실은, 겨울잠을 자는 마다가스카르고슴도치붙이(*Tenrec ecaudatus*)와 아메리카흑곰 역시 이처럼 이례적인 패턴을 보여주고 있다는 점이다. 오히려 이런 발견에서 결정적으로 중요한 점은 다음과 같은 것이다. 즉 얄팍한 나무에 사는 동물들은 몸을 덥히는 국면이 전혀 필요하지 않은데, 체온이 외부의 기온에 따라 심하게 요동을 치는 바람에 토르퍼 상태에서도 수동적으로 섭씨 30도 이상까지 체온이 상승하기 때문이다. 이와 같은 최소 한계치를 넘어가면, 내면에서 열을 발생시켜 몸을 덥히는 값비싼 과정이 무용지물이 되고 만다. 다시 말해, 몸을 덥히는 과정이 필요하지 않게 되는 것이다. 텐렉과 동물에게 이런 최소 한계치는 섭씨 22도다. 데이터는 특정 수치 이상의 체온이 단 하나의 목표라는 것을 증명해주었다. 만일 수동적으로 이 기온에 다다르게 되면, 생리학적 기능, 다시 말해 보통 몸을 덥히는 국면을 선택하게 되는 생리학적 기능은 토르퍼 상태에서 충족될 수 있다.

겨울잠을 자는 시기에 잠을 못 이루는

겨울잠을 자는 동물들이 간헐적으로 몸을 덥히는 국면을 취하는 정확한 원인은 아직까지 알려지지 않았다. 다양한 원인이 논의되고 있는데, 이를테면 면역체계의 활성화나 장기의 재생, 신진대사로 인해 나온 독성의 배출 혹은 잠을 보충하기 위해서라는 것이다. 아마 단 하나의 원인이 작용했다기보다 여러 가지 원인이 조합되어서 몸을 덥히는 국면이 필요했을 것이다. 하지만 잠을 자기 위해서라는 원인은 언뜻 놀랍기 그지없다. 실제로 지금까지 전해 내려오는 개념인 겨울잠이라는 단어는 오해를 불러일으키는데, 불행하게도 단어를 잘못 선택했다고 할 수 있다. 왜냐하면 겨울잠을 자는 동물들은 실제로는 잘 수 없기 때문이다. 토르퍼와 잠은 기능상 완전히 다른 상태다. 뿐만 아니라 하나의 상태는 다른 상태를 배제한다!

겨울잠의 상태에 있으면 수면 부족이 쌓인다. 1991년 신경생리학적으로 겨울잠을 자는 북극땅다람쥐를 연구해 그와 같은 사실을 밝혀냈다. 동물들은 토르퍼 상태에서 수면을 전혀 취하지 않았고, 간헐적으로 몸을 덥히는 국면에서 잠을 잘 때 확인할 수 있는 뇌 활성도가 측정되었다. 따라서 토르퍼 상태에 있는 동물들은 수면이 부족하며, 정상 체온이 되어서야 부족한 수면을 다시 채울 수 있다. 낮에 토르퍼를 이용하는 이온성 동물들도 토르퍼 상태에서 벗어나자마자 잠을 잔다. 예를 들어 중가리아햄스터가 이런 현상을 보여준다.

동물이 왜 잠을 자는지에 대해 정확하게 알지 못한다는 사실이 또한 문제를 더욱 어렵게 만든다. 수면은 하나의 목표를 충족시키는 게 분명하며, 그렇지 않다면 다양한 동물세계에서 이런 상태를 발견하지 못할지도 모른다. 이를테면 곤충〔광대파리(*Drospohila*)〕이나 어류〔제브라 다니오(*Danio rerio*)〕의 경우다. 2008년에 실시한 연구에 따르면, 외온동물들의 수면은 거의 연구하지 않았다고 한다. 3만 마리 이상의 잘 알려진 어류 가운데 10종의 수면 상태를 조사했고, 양서류의 경우에는 6000종 가운데 겨우 2종만 연구했다. 연구의 초점은 주로 포유류와 조류와 같은 내온동물에게 두었다. 이들은 다른 동물들과 반대로 두 가지 특징적인 수면 단계를 보여주는데, 이는 급속 안구 운동이 일어나는 렘수면과 연관이 있다(해양 포유류에 속하는 몇 종은 예외). 신경생리학 연구에서 수면의 단계는 뇌전도(EEG)를 통해 측정한다. 이른바 비렘(non-REM)수면 단계에서는 동물들이 움직이지 않고, 그리하여 호흡수와 심장 박동수도 줄어들며 느려진 뇌전도 곡선도 큰 진폭을 보여준다. 인간의 경우에 이와 같은 수면 상태를 깊은 잠을 자고 있다고 표현한다. 이와 반대로 렘수면을 취하고 있을 때는 근육과 안구가 움직이는 것을 관찰할 수 있고, 호흡과 심장 박동수가 올라가며 뇌전도 측정을 해봐도 깨어 있는 상태로 나온다. 인간의 경우에 렘수면 단계에 있을 때 많은 꿈을 꾼다고 보고되고 있다.

잠을 잘 때는 산소의 소비가 줄어든다. 수면은 에너지를 절약하는데, 이것이 잠을 자는 주요 원인이라고 설명하기에는 부족하다. 그래서 잠을 잘 때 뇌에서 중요한 재생 과정이 일어난다고 보고 있다. 원래 수면은 시간낭비인데, 잠을 자면 동물들이 중요한 목표를 달성하지 못하게 만들기 때문이다. 즉 자신들의 유전자를 널리 전하는 목표 말이다. 이런 의미에서 본다면, 중요한 활동을 행할 수 없을 시간대에만 잠을 자야 한다. 많은 동물이 일 년 가운데 특정 시기에 수면 욕구를 급격하게 줄일 수 있다는 사실을 보면 그렇게 하고 있는 것 같다. 이를테면 철새들이 이동하는 시기, 번식 시기 혹은 겨울잠을 잘 때다.

대부분의 동물들처럼 아메리카메추라기도요(*Calidris melanotos*)는 번식기에는 상당한 스트레스에 시달린다. 수컷은 3주 이상은 암컷의 관심을 받기 위해 경쟁한다. 2012년에 실시한 연구는 번식에 성공했는지 여부와 연관시켜 수면 시간을 조사했다. 수컷 한 마리는 19일 동안 시간의 95퍼센트를 활동했다. 그러니까 거의 잠을 자지 않았다! 그런데 이렇게 노력할 필요가 있었는데, 잠을 적게 잔 수컷들은 대부분 짝짓기에 성공했기 때문이다. 유전자를 후세에 전달하는 데 있어 잠을 적게 자는 것은 결코 단점이 되지 않았다. 철새들은 잠을 자지 않고 며칠 동안 버텨야 할 뿐 아니라, 컨디션도 매우 좋고 주의를 집중해야만 한다. 에너지를 많이 소비하는 비행 중에 맞닥뜨리는 다양한 도전도 있고, 방향도 잘 잡아야 하고, 사나운 새들이 있는지도 조심해 살펴야 하기 때문이다. 철새들이 날고 있는 가운데 잠을 자는지는 이론이 분분하다. 뇌를 측정하는 기술이 더 발달하면 비밀을 밝혀줄 것이다.

철새들의 수면 욕구는 계절에 따라 차이가 난다. 예를 들어 노랑턱멧새(*Zonotrichia leucophrys gambelii*)는 이동하는 시기에는 수면 시간을 3분의 2로 줄인다. 이 기간에 잠을 자는 새 한 마리를 깨워서 행동을 실험해보면, 학습 능력에 전혀 문제가 없다는 사실을 알 수 있다. 이와 반대로 이동하는 시기가 아닌 때에 잠자던 새를 깨워 실험을 해보면 아주 나쁜 결과가 나온다. 즉 필요한 수면 시간이 계절마다 다른 것이다.

인공조명과 에너지원들이 발달했음에도 인간은 계절에 영향을 받는다. 예를 들어 우리의 렙틴(leptin) 수치는 계절에 따라 변한다. 렙틴은 배고픔과 체중을 조절하는 호르몬이다. 계절성 정서장애(seasonal affective disorder, SAD)를 앓는 사람들은 낮의 길이가 짧을 때 우울증·식욕 증대·체중 증가를 경험하고는 한다. 또한 수면 장애는 배가 고프다는 느낌에도 영향을 준다. 지난 수백 년 동안 인간의 수면 시간은 지속적으로 줄어들었는데, 아마도 인공적인 빛과 집에서도 컴퓨터를 사용함으로써 일종의 생산적인 시간이 늘어났기 때문일 것이다. 여러 가지 이론에 따르면 인간의 경우 수면 부족은 과체중과 우울증과 연관이 있다. 우리들 가운데 많은 사람이 겨울 내내 따뜻한 보금자리에 돌아가고 싶을지라도, 겨울잠을 통해 수면 부족이 더 많이 쌓이지 않도록 하는 게 좋다. 이것은 곡비원류들에게 맡기도록 하자.

몸을 덥히는 국면에서 모자란 잠을 보충한다면, 살찐꼬리난쟁이여우원숭이는 얄팍한 나무에서 몸을 덥히는 국면 없이 어떻게 지내는 것일까? 이들은 높은 기온에서 토르퍼에 빠져 렘수면을 취한다는 사실이 증명되었다. 이는 이들의 체온이 충분히 올라가면, 토르퍼 상태에서도 잠을 잘 수 있다는 뜻이다. 이는 다른 종에서는 한 번도 관찰하지 못했다! 몸을 덥히는 국면의 또 다른 재생 기능처럼 수면 부족은 체온을 섭씨 30도 이상까지 수동적으로 올림으로써 균형을 맞출 수 있다.

또 다른 난쟁이여우원숭이 두 마리의 수면을 조사했는데, 잔털귀난쟁이여우원숭이(*Cheirogaleus crossleyi*)와 시브리난쟁이여우원숭이(*Cheirogaleus sibreei*)다. 이 종들도 겨울잠을 이용하지만, 생활권은 산이 있는 우림 지역이며 그래서 땅속에 숨는다. 따라서 이들은 전혀 다른 환경에 처해 있다. 신경학적 연구에 따르면, 이 종들은 토르퍼 상태에서 수면 국면을 전혀 취하지 않고, 오로지 몸을 덥히는 국면에서 잠을 잘 수 있다. 따라서 이들은 북반구에 사는 겨울잠을 자는 동물들하고 비슷하다. 나아가 이는, 몸을 덥히는 국면의 부족과 토르퍼 상태에서 렘수면을 보여주는 능력은 영장류만의 독특한 성과가 아니라, 단지 기온의 효과를 반영할 뿐이라는 사실을 증명해준다. 열대에서 겨울잠을 자는 동물이 야외에서 하는 활동에 대한 데이터를 더 많이 수집하고 발표가 되어서 이들의 특징이 더 잘 알려지게 되면, 겨울잠에 관해 우리는 더 많이 이해하게 될 것이다.

두껍고 얇은 나무를 통해

내 동료는 해가 뜨고 질 때까지 모든 보금자리에 들러서 겨울잠 패턴과 신진대사에 대한 자료를 모았다. 보금자리가 바뀐 때도 자주 목격했지만, 다행스럽게도 난쟁이여우원숭이들은 멀리 떠나지 않았고 100미터 이내에 있고는 했다. 그런데 한 마리는 신기하게도 얇고 단열도 안 되는 나무에서 굵은 나무 깊은 곳으로 보금자리를 옮겼다. 나중에 데이터 분석을 해보니 이와 같이 보금자리를 교환함으로써 체온의 변화가 나타났음을 알 수 있었다. 즉 2주 동안 몸을 덥히는 국면 없이 매일 체온의 변화가 상당했지만, 갑자기 체온은 거의 변하지 않았고 매주 한 번 간헐적으로 몸을 덥히는 국면을 거쳤다. 이 동물은 예전의 보금자리에서 체온이 계속 요동치는 바람에 고통스러웠던 것일까? 그러니까 에너지 때문에 보금자리를 바꿔야만 했던 걸까?

이에 대한 답을 얻기 위해 신진대사 측정기를 읽어야만 했다. 물론 읽는 것은 간단하지만, 매주 측정할 때마다 특수한 프로그램을 도입했기

겨울잠을 자는 영장류이자 다양한 토르퍼를 이용하는 데 대가인 적회색여우원숭이. 건조한 마다가스카르 남서부 지역.

에 2만 줄(J) 이상이나 되는 어마어마한 데이터가 나왔다. 흥미롭게도 보금자리의 교환은 겨울잠을 자는 동안에 들어가는 에너지에는 영향을 거의 주지 않았다! 체온은 그대로 유지되고 매주 한 번 몸을 덥히는 국면을 거치든가, 아니면 체온은 매일 들쑥날쑥해야만 했다. 매우 얇거나 매우 두꺼운 나무를 보금자리로 선택했을 때는 극단적인 결과가 나왔다. 많은 동물이 중간 정도로 단열이 되는 보금자리를 선택했는데, 이럴 경우에는 소비하는 에너지에 변화가 없었다. 난쟁이여우원숭이의 에너지 절약은 보통 70퍼센트였으며 이로써 북반구에서 겨울잠을 자는 동물보다 적었다. 이런 사실은 그리 놀랍지 않은데, 에너지 절약은 실제 외부의 기온에 따라 직접적으로 영향을 받기 때문이다.

동일한 구역에서 한 그룹의 난쟁이여우원숭이가 겨울잠을 자면서 보여주는 다양한 패턴이 더욱 놀랍다. 다양한 토르퍼 패턴을 보여주는 대가는 적회색여우원숭이(*Microcebus griseorufus*)로, 더 건조한 구역인 마다가스카르의 남서부에 서식하고 있다. 2011년 연구에 의하면, 어떤 개체는 몇 달 동안 겨울잠을 자는 반면에, 바로 이웃에 사는 다른 개체들은 건기가 지속되는 내내 짧은 토르퍼를 지속적으로 이용했다. 토르퍼 패턴과 관련해 중요한 점은 개별적인 체중으로 보였다. 그렇듯 개별 동물은 에너지가 얼마나 필요한지에 따라서 다양한 토르퍼 패턴을 보여준다. 영장류에게서 볼 수 있는 전형적인 겨울잠 패턴은 아니다. 생활권이 너무 다양하며, 개별 동물들도 생리학적으로 너무 다르다.

피를 흘리는 섬

야행성인 여우원숭이들은 다양한 지역에서 놀라울 정도로 잘 적응하며 토르퍼 패턴도 매우 달랐다. 바로 이러한 점이 수백만 년에 걸쳐서 마다가스카르에 성공적으로 살아남을 수 있게 했다. 그러나 이들의 미래는 불확실하다. 숲에 있는 나무를 자꾸 베어내면서 이들이 사는 생활권이 사라지고 있으니까 말이다. 영원히. 큰 숲들을 자잘하게 조각내는 행동은 전 세계적으로 종들이 줄어들게 만드는 주요 원인이며, 이른바 서식지 단편화(habitat fragmentation)라는 결과를 만들어낸다. 마다가스카르도 다르지 않다.

숲 가운데 남아 있는 작은 조각의 땅은 단기적으로 동물들에게 생활권을 제공하지만, 장기적으로 건전한 개체군에게 생활권을 제공하기에는 너무 작다. 20년에서 40년 전에 개간으로 조각난 숲을 분석해보니, 여우원숭이는 40마리도 장기적으로 살아남지 못했다. 인드리(*Indri indri*)처럼 덩치가 큰 여우원숭이종은 개체군을 안정적으로 유지하려면 800~1000헥타르의 숲이 필요하다. 그러나 동쪽에 있는 해변 근처의 숲은 완전히 개간된 상태다. 한때 섬의 대부분을 차지했던 건조한 숲들은 1990년에 오로지 3퍼센트만 남게 되었다. 몇몇 소수 지역에만 800헥타르의 면적이 있다. 높은 지역에 있는 숲들은 이미 완전히 사라졌다.

여우원숭이뿐만 아니라 마다가스카르의 동물계와 식물계는 전반적으로 암담해 보인다. 생명의 다양성으로 최고의 이름을 떨쳤던 이곳은 서서히 하지만 확실하게 사라질 것이다. 대략 2300만 명이 이 개발도상국에서 살고 있으며, 앞으로 25년이 지나면 인구가 두 배로 늘어날 전망이다! 오늘날 섬 국가는 긴긴 식민지 시대를 청산하고 1960년 독립국가가 되었다. 국민들은 가난하고, 의료 상태는 열악하다(10만 명당 의사가 16명에 불과한데, 독일의 경우는 450명 이상). 사람들은 불을 땔 나무와, 건축에 사용할 나무, 식량과 의학적인 서비스가 필요하고 이를 위해 숲을 이용한다. 이 나라는 이미 원래 숲이었던 면적의 90퍼센트 이상을 상실했으며 개간을 멈추지 않고 있다. 아직 사용하지 않은 땅은 침식이나 비에 떠내려가기 전에 경작할 면적이다. 우주에서 사진을 찍어보니 이 섬은 '피를 흘리는 섬'으로 나왔다. 즉 높은 곳에서 바다로 흘러내리는 강들이 비옥한 흙으로 인해 빨갛게 물이 드는 바람에.

보호하고 있는 규모가 비교적 큰 숲을 제외한다면 대부분 남아 있는 숲은 지방 행정부의 관할 아래에 이용할 수 있는 숲이다. 얼마나 지속적으로 이용 가능한지는 숲에 사는 종의 다양성으로 판단한다. 그런데 숲의 면적이 조금밖에 남아 있지 않으므로, 농업용으로 사용하는 지대조차도 완충 기능으로 말미암아 지속가능 프로젝트의 핵심이 되고는 한다. 이와 같은 유용한 지대를 나무 울타리로 가꾸게 되면, 이 역시 종의 다양성에 기여할 수 있고 이로써 보호구역에서 다양성이 유지되는 데 보탬이 될 수 있다고 2017년 연구에서 발표했다.

마다가스카르에서 종의 보호는 대부분 지방행정 차원에서 결정한다. 따라서 정책은 지방 자치 단체가 받아들여야 실행이 된다. 국제적으로 합의한 보호구역도 서류상으로는 훌륭하지만, 실제 효율적으로 실행되는 경우는 그다지 없다. 시민들이 숲에서 삶의 방책을 얻고 있으며 다른 대안이 없을 경우에는, 이들이 보호구역을 출입하는 것을 막을 수 없다. 이들과 함께 보호구역에 대한 기준을 마련해야만 효과가 있을 것이며, 그러지 않고 보호구역에 들어오는 것을 금지한다고 해서 불법적인 사냥과 남벌이 멈추지는 않을 것이다.

토르퍼를 이용하는 동물이 더 오래 산다

10월에 건기는 끝이 나고는 한다. 이런 과도기에 난쟁이여우원숭이의 토르퍼 국면은 짧아지며 이미 보금자리를 떠나버리는 경우도 많다. 활동 시간이 짧아지는 것 외에도 이제 보금자리를 바꾸는 경우가 잦아지지만, 겨울잠 시즌의 끝을 준비하는 수컷들에게서만 그러하다. 겨울잠 시즌이 끝나면 이어서 짝짓기가 시작된다. 자신들의 유전자를 전해줄 수 있는 성공률을 높이기 위해, 수컷들은 겨울잠을 자는 시즌의 마지막 몇 주 동안 암컷의 보금자리로 기어들어 간다.

난쟁이여우원숭이들은 평생 짝을 유지한다. 겨울잠을 자는 시즌 외에 대부분의 쌍은 매일 동일한 보금자리에서 잠을 자고 공동으로 새끼를 양육한다. 이는 사회적 일부일처제일 뿐 유전적 일부일처는 결코 아니다. 한 쌍은 평생을 함께 살지만, 상대에게 성실하지는 않아도 된다. 새끼들 가운데 40퍼센트는 이웃과 짝짓기를 해서 낳는다. 이들은 보통 밀착하여 몸을 부비는 것을 좋아하지만, 한 쌍은 겨울잠을 잘 때는 각방을 사용한다. 둘 가운데 한쪽이 겨울잠을 자다가 몸을 덥히는 국면을 이용하고자 할 때 이런 방식으로 하면 방해를 하지 않기 때문인 것 같다. 흥미롭게도 열대의 기후에서는 공동의 보금자리에서 겨울잠을 자면 에너지를 절약하는 게 아니며, 반대로 추운 생활권에서는 절약할 수 있다. 몇 달 동안 서로 떨어져 있다가 수컷들은 다시 암컷을 찾아오는데, 우기가 시작되어 마지막 토르퍼 국면을 끝내고 제일 먼저 도착하기 위해서다. 이때 수컷의 몸 상태도 짝짓기를 할 준비가 되어 있다. 즉 고환의 크기가 뇌의 크기보다 더 커져 있으니까! 겨울잠이 끝나자 내 동료와 이 동료가 이끄는 팀도 야외에서 작업하는 시즌을 끝냈고, 적어도 몇 달간은 텐트를 치지 않을 것이다.

밤이면 카리스마 넘치는 원숭이들은 또다시 잃어버린 지방을 채워 넣기 위해 열심히 길을 나선다. 겨울잠을 자기 시작했을 때 비축한 지방은 300그램까지 되었지만, 끝날 즈음이면 거의 절반을 소비하고 만다. 겨울잠은 열대 기후임에도 불구하고 에너지상으로는 동물들에게 이득이 된다. 즉 활발하게 활동하는 시간에 100킬로줄 이상을 사용했으나 지난 7개월 동안 동물들이 소비한 에너지는 매일 30킬로줄이었다(비교를 해보면, 사람은 매일 8000킬로줄을 사용한다). 토르퍼 덕분에 동물들은 수분과 에너지 수요를 상당히 줄일 수 있었고 이렇게 하여 건기에 살아남을 수 있었다.

토르퍼는 전 세계에서 매우 다양한 동물이 지극히 다른 생활권에서 이용하고 있는데, 겨울잠의 형태나 혹은 주간에 취하는 토르퍼의 형태다. 개별 동물들은 식량이 모자라는 시기에 에너지 소비를 줄일 수 있는 가능성을 통해 어려운 시기를 이겨내고 이로써 살아남을 기회가 더 많아진다. 다양한 연구를 실시해 토르퍼와 종의 멸종 가능성이 줄어든 결과 사이의 연관성을 밝혔다.

지난 500년 동안 포유류가 멸종하게 된 것은 대부분 사람에 의한 것으로 밝혀졌고, 동물들이 사는 생활권이 파괴되었기 때문이다. 그 밖에도 작은 포유류가 멸종할 위험은 몸집이 큰 포유류가 멸종할 위험보다 낮다. 멸종한 61종의 포유류 가운데 90퍼센트 이상이 토르퍼를 이용하지 않는 항온성 동물이었다. (오스트레일리아에서만 보면, 이는 심지어 100퍼센트 나 된다!) 체중도 고려하면, 토르퍼를 이용하는 종의 능력과 세계자연보전연맹이 작성해둔 현재 위기에 처한 동물 목록 사이에는 반비례 관계가 성립된다. 토르퍼는 하나의 종이 오랫동안 살아남을 수 있도록 하는 데 도움이 되고 있다.

어떤 요소들이 멸종의 위험을 줄여주는 데 도움이 될까? 살아남기 위해 우선 다른 동물에게 잡아먹히지 않는 게 중요하다. 과학적인 표현을 사용하면, 포식압(捕食壓)을 최소화하는 것이다. 안전한 보금자리를 떠나거나, 스스로 먹이를 찾으러 나가서 보호받지 못한 채 돌아다닐 때 대부분 잡아먹힐 수 있다. 토르퍼를 이용하면 필요한 에너지를 낮출 수 있고 이로써 먹이를 찾아다니는 시간도 줄어든다. 이에 따라 동물들이 안전한 보금자리를 벗어나 있는 시간이 줄어들고 잡아먹힐 위험도 낮아진다.

토르퍼를 이용하는 동물이 더 오래 산다! 포식압이 줄어드는 것 외에도 토르퍼는 그 자체로 더 오래 살 수 있도록 지원한다. 이온성 동물에 속하는 종들은 크기가 같은 항온성 동물에 비해 더 오래 산다. 체중이 50그램 나가는 두 종류의 설치류를 한번 살펴보자. 즉 이온성 설치류는 항온성 설치류에 비해 기대수명이 50퍼센트 이상 높다. 매년 생존할 비율 역시 이온성 설치류는 15퍼센트가량 더 높다.

토르퍼 상태에서 구두끈

오래 사는 것과 토르퍼 사이의 연관성을 이해하기 위해, 우리는 잠시 생태생리학을 접어두고 분자생물학과 유전학을 살펴봐야 한다. 동물의 몸은 세포로 이루어져 있고, 그것도 엄청난 양으로 이루어져 있다. 즉 인간의 경우 37조(3.72×10^13!)개다(우리 신체에서 편안하게 자리 잡은 미생물 수백만 마리는 계산에 포함하지도 않았다). 모든 세포는 세포핵을 가지고 있으며, 여기에 우리의 유전자정보가 저장되어 있다. 이 유전자정보에는 우리의 세포와 조직의 발전과 기능을 책임지는 모든 정보가 담겨 있다. 단백질과 같이 중요한 세포 구성요소를 준비하기 위해 그런 정보들을 읽어야 매일 살아남을 수 있다.

정보는 염색체에서 유전자 형태로 저장되고, 염색체는 DNA로 이루어져 있다. DNA는 화학적으로 세 가지로 구성되는데, 당·염기·인산염이다. 염기에는 네 가지가 있는데(뉴클레오티드염기로는 아데닌·구아닌·티민·시토신), 이들의 결합 방식에 따라 놀라울 정도로 다양한 정보가 가능해진다. DNA는 이중구조인데, 염기가 쌍을 이룬다. 즉 아데닌은 티민과 결합하고, 구아닌은 시토신과 연결된다. 염색체는 기다란 모양으로 세포핵에 자리 잡고 있다. 우리 인간은 23쌍의 염색체를 보유하고 있으며, 어머니와 아버지로부터 각각 물려받아서 총 46개의 염색체가 된다. 유전적인 기초는 이 정도다.

이제부터 조금 더 흥미진진해진다. 즉 염색체는 양쪽 끝부분에 작은 보호막을 가지고 있는데, 이를 텔로미어라고 한다. 이 개념은 이미 1938년부터 있었지만, 의미를 완전하게 이해하게 된 것은 최근에 이르러서다(2009년에야 비로소 세 여성 연구인이 텔로미어 연구로 노벨 생리의학상을 받았다). 텔로미어를 구두끈 끝에 있는 플라스틱 조각으로 상상하면 되는데, 구두끈이 흩어지지 않게 고정해주는 역할을 한다. 이 플라스틱 조각이 길고 단단할수록, 구두끈이 풀려나와 망가질 위험은 줄어든다. 텔로미어는 반복되는 DNA-시퀀스로 이루어져 있으며, 인간의 경우에는 많으면 1만 5000개의 염기쌍으로 되어 있다. 하나의 세포가 분열할 때마다(세포들은 자주 분열한다!), 텔로미어의 염기쌍 가운데 50~200개가 줄어든다. 따라서 나이가 들면 텔로미어의 길이는 짧아지며, 이는 염색체의 불안정과 면역력 약화라는 결과로 이어진다. 이것이 바로 우리를 장수라는 주제로 안내한다.

텔로미어는 나이가 드는 징후다. 의학 연구에 따르면 텔로미어는 무엇보다 암이라는 질병에서 맡게 되는 역할로 인해 관심을 불러일으킨다. 짧아지거나 부서진 텔로미어는 염색체를 충분히 보호해주지 못하고, 그리하여 세포들은 공격을 잘 당하게 되며 유전적으로 불안정한 종양세포들이 발생할 수 있다. 이 연구는, 이런 텔로미어를 수리하거나 재생산할 수 있는 방법을 모색했다. 유감스럽게도 텔로미어는 사악한 공격과 좋은 뜻에서 이루어지는 수리 사이의 차이를 구분하지 못하고 그리하여 두 가지 경우에 동일하게 보호한다는 것이다.

동물들도 인간처럼 텔로미어를 가지고 있다. 이것들의 길이는 개체의 기대수명에 대해 뭔가 말해준다! 금화조(*Taeniopygia guttata*)에서 발견된 바에 따르면, 25일이 되었을 때의 텔로미어는 새의 기대수명을 잘 예측할 수 있게 해주었고, 기대수명은 1~9년이었다. 이것만 하더라도 미래를 들여다보는 수준에 해당한다! 금화조를 새장 속에 넣어두었다. 생존에 큰 영향을 미치는 자연적 요소들, 이를테면 포식, 질병과 먹이 부족과 같은 요소는 새장에 있음으로 많이 줄어들었다. 그럼에도 유전적으로 프로그램이 되어 있는 기대수명은 뭔가 불안하게 한다. 사람들은 어린아이의 텔로미어를 분석함으로써 아이의 수명을 예측할 수 있으리라 상상한다는 게다.

토르퍼는 텔로미어 길이에 긍정적인 영향을 미친다. 겨울잠을 자는 종들에게뿐 아니라, 낮에 토르퍼를 이용하는 종들에게도 마찬가지다. 신진대사를 줄였다는 것만으로 설명할 수 없는 맥락이 있는 것 같다. 텔로미어 길이는 토르퍼 상태에서 심지어 늘어날 수도 있다! 만일 토르퍼를 이용하는 동물의 텔로미어가 재생되는 비밀을 풀 수만 있다면, 텔로미어가 공격당한 환자들의 치료에 중요한 실마리를 제공할 수 있을 것이다.

이온성 동물이 포식자에게 잡아먹힐 확률도 낮고 더 오래 살 수 있는 것 외에도 세 번째로 장점이 있다. 즉 이들은 힘든 시기를 보편적으로 더 잘 지낼 수 있다. 과거에 발표된 일련의 연구는 극단적인 환경에서 살아남을 수 있게 하는 토르퍼의 역할을 연구했다. 예를 들어 화재가 일어난 뒤 동물들은 토르퍼를 이용해 먹이를 전혀 발견할 수 없는 힘든 시기를 이겨낼 수 있다. 따라서 토르퍼는 예기치 못한 환경의 변화를 이겨낼 수 있는 이상적인 수단이다. 토르퍼는 과거에 동물들이 힘든 시기를 이겨내고, 그들의 유전자를 전해주고 이로써 멸종될 위험을 줄여주는 데 도움이 되었을 게 분명하다.

미래로 빠져드는 토르퍼

이 같은 측면은 과거에 멸종의 위험을 줄여준 이유를 설명할 수 있는 근거를 제공하는 데 그치지 않는다. 미래를 내다보고 예측할 수 있는 힘을 준다. 사람들로 말미암아 기후변화가 생기고 이로 인해 폭염·극한·폭풍·화재가 이어지고 있고 점점 늘어나고 있다는 사실은 잘 알려져 있다. 설선(snow line: 만년설의 최저 경계선—옮긴이)도 이동하고 식물과 동물의 시기적인 먹이들도 바뀌고 있다. 동물들은 이에 대하여 반응을 할 수밖에 없다. 노란배마멋(*Marmota flaviventris*)은 기후변화의 여파로 더 따뜻해진 봄 기온에 대한 반응으로 1976년과 2000년 사이에 겨울잠을 자는 시즌을 이미 38일 정도 단축했다. 겨울잠을 자는 동물들이 일반적으로 기후변화의 결과에 대한 승자에 속하는지 패자에 속하는지는 불확실하다. 이는 무엇보다 개별 종들의 생태학적 유연성과 생리학적 유연성 그리고 생활권에 달려 있다. 낮에 이용하는 토르퍼는 즉흥적으로 에너지를 절약할 수 있게 해주므로 장점이라고 할 수 있을 것이다.

기후변화가 야생동물에게 장기적으로 어떤 영향을 미칠지는 여전히 미지수로 남아 있다. 하지만 동물을 보호하기 위한 전략을 개발하기 위해서는 바로 그와 같은 정보가 중요하다. 종의 발생과 유포에 변화가 생기는 것은 당연하며 동물들의 적응력이 중요하고도 큰 장점으로 작용할 것이다. 토르퍼 상태에서 모든 생명 기능을 대담하게 차단함으로써 에너지 소비를 매우 절약할 수 있다. 이는 겨울잠을 자는 우리의 동물들에게 생존 투쟁에서 강력하게 반응할 수 있게 해준다. 이 동물들은 모든 것을 차단하고 아무것도 하지 않음으로써 미래의 난관을 돌파할 수 있으리라 본다. 어쨌거나 거의 아무것도 하지 않음으로써.

감사의 글

C.H.Beck 출판사의 편집자 슈테판 볼만(Stefan Bollmann)에게 친절하게 협조해준 데 감사드린다. 페트라 에거스(Petra Eggers) 에이전시의 다니엘 무르사(Daniel Mursa)에게도 고마움을 전하고 싶은데, 그는 이 책이 나올 수 있도록 아이디어를 제공했다. 페트라 에거스 에이전시 덕분에 내 연구가 라디오를 통해 방송되었고, 도시 고슴도치가 겨울잠을 자는 주제로 나를 초대해 인터뷰를 해준 라디오아인스(Radioeins) RBB의 진행자들에게도 감사를 전한다. 내 글을 수정하고 이에 대하여 논평을 해준 부모님 루스 바르네케베르크(Ruth Warnecke-Berg)와 하인츠 바르네케(Heinz Warnecke), 그리고 잔네 베르크(Sanne Berg), 카트린 다우스만, 마를렌 글로스(Marlene Glos), 제이미 터너(Jamie Turner)와 요아힘 노퍼(Joachim Nopper)에게 감사드린다. 이 자리에서 반드시 감사의 인사를 전하고 싶은 분들은 야생동물 생물학과 토르퍼 분야에서 나에게 열정을 심어주었던 학문적 멘토들이다. 클라우디아 헴믈링(Claudia Hemmling), 엘케 슐로이허(Elke Schleucher), 카트린 다우스만, 필 비테르스(Phil Withers), 프리츠

가이저(Fritz Geiser)와 크렉 윌리스(Craig Wliils)다. 내 연구에 재정적 지원을 해준 분들도 있다. 즉 독일 야생동물 재단, 독일 아카데미 교환 서비스, 캐나다 정부, 뉴잉글랜드 대학. 남편 제이미, 딸 마틸다와 배 속에서 재주넘기를 잘하는 태아에게도 감사한다. 이들은 내가 6개월 만에 이 책을 완성할 수 있도록 지원과 기분전환을 아낌없이 제공했다.

참고문헌

이 목록은 이 책에서 다루는 각각의 주제와 관련해 학문적 문헌들을 선별한 것이다. 물론 이 목록이 각각의 분야를 총괄한다고 할 수는 없다. 각 논문에 대한 요약은 과학 자료를 검색하면 된다(이를테면 https://scholar.google.de/). 많은 논문은 PDF 파일의 형태로 내려받을 수 있다(다른 방법으로는 "All X version"으로 가능한 경우도 많다). 일부 잡지는 논문을 읽을 수 있게 무료로 제공한다(이른바 Open access article).

함부르크(1, 5장)

고슴도치의 생태학과 겨울잠

Dickman, C. R. (1988). Age-related dietary change in the European hedgehog, *Erinaceus europaeus*. *Journal of Zoology*, 215 (1), 1-14.

Dmi'el, R., & Schwarz, M. (1984). Hibernation patterns and energy expenditure in hedgehogs from semi-arid and temperate habitats. *Journal of Comparative Physiology B*, 155 (1), 117-123.

Dowding, C. V., Harris, S., Poulton, S., & Baker, P. J. (2010). Nocturnal ranging behaviour of urban hedgehogs, *Erinaceus europaeus*, in relation to risk and reward. *Animal Behaviour*, 80 (1), 13-21.

Fowler, P. A., & Racey, P. A. (1990). Daily and seasonal cycles of body temperature and aspects of heterothermy in the hedgehog *Erinaceus europaeus*. *Journal of Comparative Physiology B*, 160, 299-307.

Haigh, A., O'Riordan, R., & Butler, F. (2012). Nesting behaviour and seasonal body mass changes in a rural Irish population of the Western hedgehog *(Erinaceus europaeus)*. *Acta Theriologica*, 57 (4), 321-331.

Hof, A. R., Bright, P. W. (2016). Quantifying the long-term decline of the West European hedgehog in England by subsampling citizen-science datasets. *European Journal of Wildlife Research*, 62 (4), 407-413.

Hubert, P., Julliard, R., Biagianti, S., & Poulle, M.-L. (2011). Ecological factors driving the higher hedgehog *(Erinaceus europaeus)* density in an urban area compared to the adjacent rural area. *Landscape and Urban Planning*, 103 (1), 34-43.

Jackson, D. B., & Green, R. E. (2000). The importance of the introduced hedgehog *(Erinaceus europaeus)* as a predator of the eggs of waders (Charadrii) on machair in South Uist, Scotland. *Biological Conservation*, 93 (3), 333-348.

Jones, C., & Norbury, G. (2011). Feeding selectivity of introduced hedgehogs *Erinaceus europaeus* in a dryland habitat, South Island, New Zealand. *Acta Theriologica*, 56 (1), 45-51.

Krawczyk, A., van Leeuwen, A., Jacobs-Reitsma, W., Wijnands, L., Bouw, E., Jahfari, S., & de Bruin, A. (2015). Presence of zoonotic agents in engorged ticks and hedgehog faeces from *Erinaceus europaeus* in (sub) urban areas. *Parasites & Vectors*, 8 (1), 1-6.

Morris, P. (2014). Hedgehogs. Whittet Books Limited, Stansted, Essex.

Poel, J. L., Dekker, J., & Langevelde, F. (2015). Dutch hedgehogs *Erinaceus europaeus* are nowadays mainly found in urban areas, possibly due to the negative effects of badgers *Meles meles*. *Wildlife Biology*, 21, 51-55.

Rautio, A., Isomursu, M., Valtonen, A., Hirvelä-Koski, V., & Kunnasranta, M. (2015). Mortality, diseases and diet of European hedgehogs *(Erinaceus europaeus)* in an urban environment in Finland. *Mammal Research*, 61 (2), 161-169.

Riber, A. (2006). Habitat use and behaviour of European hedgehog *Erinaceus europaeus* in a Danish rural area. *Acta Theriologica*, 51 (4), 363-371.

Rondinini, C., & Doncaster, C. P. (2002). Roads as barriers to movement for hedgehogs. *Functional Ecology*, 16 (4), 504-509.

Shkolnik, A., & Schmidt-Nielsen, K. (1976). Temperature regulation in hedgehogs from temperate and desert environments. *Physiological Zoology*, 49 (1), 56-64.

Visser, M., Rehbein, S., & Wiedemann, C. (2001). Species of flea (Siphonaptera) infesting pets and hedgehogs in Germany. *Journal of Veterinary Medicine B*, 48 (3), 197-202.

Ward, J. F., Macdonald, D. W., Doncaster, C. P., & Mauget, C. (1996). Physiological response of the European hedgehog to predator and nonpredator odour. *Physiology & Behavior*, 60 (6), 1469-1472.

Webb, P. I., & Ellison, J. (1998). Normothermy, torpor, and arousal in hedgehogs *(Erinaceus europaeus)* from Dunedin. *New Zealand Journal of Zoology*, 25, 85-90.

Young, R. P., Davison, J., Trewby, I. D., Wilson, G. J., Delahay, R. J., & Doncaster, C. P. (2006). Abundance of hedgehogs *(Erinaceus europaeus)* in relation to the density and distribution of badgers *(Meles meles)*. *Journal of Zoology*, 269 (3), 349-356.

대도시 동물

Bradley, C. A., & Altizer, S. (2007). Urbanization and the ecology of wildlife diseases. *Trends in Ecology & Evolution*, 22 (2), 95-102.

Brumm, H. (2004). The impact of environmental noise on song amplitude in a territorial bird. *Journal of Animal Ecology*, 73 (3), 434-440.

Fuller, R. A., Warren, P. H., & Gaston, K. J. (2007). Daytime noise predicts nocturnal singing in urban robins. *Biology Letters*, 3 (4), 368-370.

Jones, D. N., & James Reynolds, S. (2008). Feeding birds in our towns and cities: a global research opportunity. *Journal of Avian Biology*, 39 (3), 265-271.

Nemeth, E. & Brumm, H. (2009). Blackbirds sing higher-pitched songs in cities: adaptation to habitat acoustics or side-effect of urbanization? *Animal Behaviour*, 78 (3), 637-641.

Slabbekoorn, H., & den Boer-Visser, A. (2006). Cities change the songs of birds. *Current Biology*, 16 (23), 2326-2331.

Suárez-Rodríguez, M., López-Rull, I., & Macías Garcia, C. (2013). Incorporation of cigarette butts into nests reduces nest ectoparasite load in urban birds: new ingredients for an old recipe? *Biology Letters*, 9 (1), 20120931.

빙점 이하의 동물

Barnes, B. (1989). Freeze avoidance in a mammal: body temperatures below 0 degree C in an Arctic hibernator. *Science*, 244 (4912), 1593-1595.

Pretzlaff, I., & Dausmann, K. (2012). Impact of climatic variation on the hibernation physiology of *Muscardinus avellanarius*. In T. Ruf, C. Bieber, W. Arnold & E. Millesi (Eds.), Living in a Seasonal World (pp. 85-97). Springer, Berlin.

햄스터, 텐렉과와 짧은코가시두더지

Heldmaier, G., & Steinlechner, S. (1981). Seasonal pattern and energetics of short daily torpor in the Djungarian hamster, *Phodopus sungorus*. *Oecologia*, 48 (2), 265-270.

Hoffmann, K. (1973). The influence of photoperiod and melatonin on testis size, body weight, and pelage colour in the Djungarian hamster *(Phodopus sungorus)*. *Journal of Comparative Physiology B*, 85 (3), 267-282.

La Haye, M. J. J., Neumann, K., & Koelewijn, H. P. (2012). Strong decline of gene diversity in local populations of the highly endangered Common hamster *(Cricetus cricetus)* in the western part of its European range. *Conservation Genetics*, 13 (2), 311-322.

Levesque, D. L., & Lovegrove, B. G. (2014). Increased homeothermy during reproduction in a basal placental mammal. *Journal of Experimental Biology*, 217 (9), 1535-1542.

Nicol, S. C., & Andersen, N. A. (2008). Rewarming rates and thermogenesis in hibernating echidnas. *Comparative Biochemistry and Physiology A*, 150 (2), 189-195.

오소리, 스컹크, 아메리카너구리와 벌거숭이뻐드렁니쥐

Fowler, P. A., & Racey, P. A. (1988). Overwintering strategies of the badger, *Meles meles*, at 57 °N. *Journal of Zoology*, 214 (4), 635-651.

Prange, S., Gehrt, S. D., & Wiggers, E. P. (2004). Influences of anthropogenic resources on raccoon *(Procyon lotor)* movements and spatial distribution. *Journal of Mammalogy*, 85 (3), 483-490.

Yahav, S., & Buffenstein, R. (1991). Huddling behavior facilitates homeothermy in the naked mole rat *Heterocephalus glaber*. *Physiological Zoology*, 64 (3), 871-884.

Yeen, Ten Hwang, Larivière, S., & Messier, F. (2007). Energetic consequences and ecological significance of heterothermy and social thermoregulation in striped skunks *(Mephitis mephitis)*. *Physiological and Biochemical Zoology*, 80 (1), 138-145.

생리학, 토르퍼, 지방산과 갈색지방

Benedict, F. G., & Lee, R. C. (1938). Hibernation and marmot physiology. Carnegie Inst. Washington Publication.

Chappell, M. A., & Souza, S. L. (1988). Thermoregulation, gas exchange, and ventilation in Adelie penguins *(Pygoscelis adeliae)*. *Journal of Comparative Physiology B*, 157, 783-790.

Clemens, L. E., Heldmaier, G., & Exner, C. (2009). Keep cool: Memory is retained during hibernation in Alpine marmots. *Physiology & Behavior*, 98(1-2), 78-84.

Geiser, F. (2004). Metabolic rate and body temperature reduction during hibernation and daily torpor. *Annual Review of Physiology*, 66, 239-274.

Geiser, F., & Heldmaier, G. (1995). The impact of dietary fats, photoperiod, temperature and season on morphological variables, torpor patterns, and brown adipose tissue fatty acid composition of hamsters, *Phodopus sungorus*. *Journal of Comparative Physiology B*, 165 (5), 406-415.

Geiser, F., & Mzilikazi, N. (2011). Does torpor of elephant shrews differ from that of other heterothermic mammals? *Journal of Mammalogy*, 92 (2), 452-459.

Heldmaier, G. (2011). Life on low flame in hibernation. *Science*, 331 (6019), 866-867.

Heldmaier, G., & Steinlechner, S. (1981). Seasonal control of energy requirements for thermoregulation in the Djungarian hamster *(Phodopus sungorus)*, living in natural photoperiod. *Journal of Comparative Physiology*, 142 (4), 429-437.

Heldmaier, G., & Neuweiler, G., Rössler, W. (2013). Vergleichende Tierphysiologie. Berlin: Springer-Verlag.

Hiebert, S. M., Hauser, K., & Ebrahim, A. J. (2003). Djungarian hamsters exhibit temperature-dependent dietary fat choice in long days. *Physiological and Biochemical Zoology*, 76 (6), 850-857.

Kräuchi, K., & de Boer, T. (2011). Body temperature, sleep, and hibernation. Principles and practice of sleep medicine. M. H. Kryger, T. Roth, W. C.

Dement (Eds.). Elsevier, St. Louis, 323-334.

Oelkrug, R., Polymeropoulos, E. T., & Jastroch, M. (2015). Brown adipose tissue: physiological function and evolutionary significance. *Journal of Comparative Physiology B*, 185 (6), 587-606.

O'Neill, S. (2002). Cardiac Ca2+ regulation and the tuna fish sandwich. *Physiology*, 17 (4), 162-165.

Prendergast, B. J., Freeman, D. A., Zucker, I., & Nelson, R. J. (2002). Periodic arousal from hibernation is necessary for initiation of immune responses in ground squirrels. *American Journal of Physiology*, 282 (4), R1054-R1062.

Ruf, T., & Arnold, W. (2008). Effects of polyunsaturated fatty acids on hibernation and torpor: a review and hypothesis. *American Journal of Physiology*, 294 (3), R1044-R1052.

Ruf, T., & Geiser, F. (2015). Daily torpor and hibernation in birds and mammals. *Biological Reviews*, 90, 891-926.

행동권

Burt, W. H. (1943). Territoriality and home range concepts as applied to mammals. *Journal of Mammalogy*, 24 (3), 346-352.

다른 측면들

Säugetiere in Hamburg: Schäfers, G., Ebersbach, H., Reimers, H., Körber, P., Janke, K., Borggräfe, K., & Landwehr, F. (2016). Atlas der Säugetiere Hamburgs. Behörde für Umwelt und Energie. Freie und Hansestadt Hamburg.

Informationen vom Bundesministerium für Ernährung und Landwirtschaft: http://www.bmel.de/DE/Tier/Nutztierhaltung/nutztierhaltung_node.html. http://www.bmel.de/DE/Tier/Tierschutz/_texte/TierschutzTierforschung.html?docId=8596776#doc8596776bodyText3.

캐나다(2, 6장)

캐나다에 사는 작은갈색박쥐

Czenze, Z. J., Park, A. D., & Willis, C. K. R. (2013). Staying cold through dinner: cold-climate bats rewarm with conspecifics but not sunset during hibernation. *Journal of Comparative Physiology B*, 183 (6), 859-866.

Czenze, Z. J., & Willis, C. K. R. (2015). Warming up and shipping out: arousal and emergence timing in hibernating little brown bats *(Myotis lucifugus)*. *Journal of Comparative Physiology B*, 185 (5), 575-586.

Jonasson, K. A., & Willis, C. K. R. (2011). Changes in body condition of hibernating bats support the thrifty female hypothesis and predict consequences for populations with White-Nose Syndrome. *PLoS ONE*, 6 (6), e21061.

Jonasson, K. A., & Willis, C. K. R. (2012). Hibernation energetics of free-ranging little brown bats. *The Journal of Experimental Biology*, 215 (12), 2141-2149.

Norquay, K. J. O., & Willis, C. K. R. (2014). Hibernation phenology of *Myotis lucifugus*. *Journal of Zoology*, 294 (2), 85-92.

Norquay, K. J. O., Martinez-Nuñez, F., Dubois, J. E., Monson, K. M., & Willis, C. K. R. (2014). Long-distance movements of little brown bats *(Myotis lucifugus)*. *Journal of Mammalogy*, 294 (2), 85-92.

Thomas, D. W., Dorais, M., & Bergeron, J.-M. (1990). Winter energy budgets and cost of arousals for hibernating little brown bats, *Myotis lucifugus*. *Journal of Mammalogy*, 71 (3), 475-479.

박쥐생태학

Calisher, C. H., Childs, J. E., Field, H. E., Holmes, K. V., & Schountz, T. (2006). Bats: important reservoir hosts of emerging viruses. *Clinical Microbiology Reviews*, 19 (3), 531-545.

Carter, G. G., & Wilkinson, G. S. (2016). Common vampire bat contact calls attract past food-sharing partners. *Animal Behaviour*, 116, 45-51.

Delpietro, H. A., & Russo, R. G. (2002). Observations of the common vampire bat *(Desmodus rotundus)* and the hairy-legged vampire bat *(Diphylla ecaudata)* in captivity. *Mammalian Biology*, 67 (2), 65-78.

Kunz, T. H. & Hood, C. S. (2000). Parental care and postnatal growth in the Chiroptera. Pp 415-468. In: Reproductive biology of bats. E. G. Crichton & P. H. Krutzsch (Eds.). Academic Press, London.

McCracken, G. F., Safi, K., Kunz, T. H., Dechmann, D. K. N., Swartz, S. M., & Wikelski, M. (2016). Airplane tracking documents the fastest flight speeds recorded for bats. *Royal Society Open Science*, 3 (11), 160398.

토르퍼와 재생

McAllan, B. M, & Geiser, F. (2014). Torpor during reproduction in mammals and birds: Dealing with an energetic conundrum. *Integrative and Comparative Biology*, 54 (3), 516-532.

Willis, C. K. R., Brigham, R. M., & Geiser, F. (2006). Deep, prolonged torpor by pregnant, free-ranging bats. *Naturwissenschaften*, 93, 80-83.

동물들의 개성

Menzies, A. K., Timonin, M. E., McGuire, L. P., & Willis, C. K. R. (2013). Personality variation in little brown bats. *PLoS ONE*, 8 (11).

Verbeek, M. E. M., Drent, P. J., & Wiepkema, P. R. (1994). Consistent individual differences in early exploratory behaviour of male great tits. *Animal Behaviour*, 48 (5), 1113-1121.

집고양이와 이들의 노획물

Woods, M., McDonald, R. A., & Harris, S. (2003). Predation of wildlife by domestic cats *Felis catus* in Great Britain. *Mammal Review*, 33 (2), 174-188.

과학에 근거한 보호 전략

Sutherland, W. J., Pullin, A. S., Dolman, P. M., & Knight, T. M. (2004). The need for evidence-based conservation. *Trends in Ecology and Evolution*, 19 (6), 305-308.

우주 비행과 토르퍼

Cerri, M., Tinganelli, W., Negrini, M., Helm, A., Scifoni, E., Tommasino, F., Siolo, M., Zoccoli, A. & Durante, M. (2016). Hibernation for space travel: Impact on radioprotection. *Life Sciences in Space Research*, 11, 1-9.

다람쥣과

Bertolino, S., di Montezemolo, N. C., Preatoni, D. G., Wauters, L. A., & Martinoli, A. (2014). A grey future for Europe: *Sciurus carolinensis* is replacing native red squirrels in Italy. *Biological Invasions*, 16 (1), 53-62.

Dausmann, K. H., Wein, J., Turner, J. M., & Glos, J. (2013). Absence of heterothermy in the European red squirrel *(Sciurus vulgaris)*. *Mammalian Biology*, 78 (5), 332-335.

Gurnell, J., Rushton, S. P., Lurz, P. W. W., Sainsbury, A. W., Nettleton, P., Shirley, M. D. F., Bruemmer, C., & Geddes, N. (2006). Squirrel poxvirus: Landscape scale strategies for managing disease threat. *Biological Conservation*, 131 (2), 287-295.

Krishna, M. C., Kumar, A., & Tripathi, O. P. (2015). Gliding performance of the red giant gliding squirrel *Petaurista petaurista* in the tropical rainforest of Indian eastern Himalaya. *Wildlife Biology*, 22 (1), 7-12.

흰 코 증후군

Aktuelle Informationen und Verbreitungskarten unter https://www.whitenosesyndrome.org/.

Davy, C. M., Martinez-Nuñez, F., Willis, C. K. R., & Good, S. V. (2015). Spatial genetic structure among bat hibernacula along the leading edge of a rapidly spreading pathogen. *Conservation Genetics*, 16 (5), 1013-1024.

Frick, W. F., Pollock, J. F., Hicks, A. C., Langwig, K. E., Reynolds, D. S., Turner, G. G., Butchkoski, C. M., & Kunz, T. H. (2010). An emerging disease causes regional population collapse of a common North American bat species. *Science*, 329, 679-682.

Turner, J. M., Warnecke, L., Wilcox, A., Baloun, D., Bollinger, T. K., Misra, V., & Willis, C. K. R. (2015). Conspecific disturbance contributes to altered hibernation patterns in bats with white-nose syndrome. *Physiology & Behavior*, 140 (0), 71-78.

Warnecke, L., Turner, J. M., Bollinger, T. K., Lorch, J. M., Misra, V., Cryan, P. M.,Wibbelt, G. & Willis, C. K. R. (2012). Inoculation of bats with European *Geomyces destructans* supports the novel pathogen hypothesis for the origin of white-nose syndrome. *Proceedings of the National Academy of Sciences*, 109 (18), 6999-7003.

Warnecke, L., Turner, J. M., Bollinger, T. K., Misra, V., Cryan, P. M., Blehert, D. S., Wibbelt, G., & Willis, C. K. R. (2013). Pathophysiology of white-nose syndrome in bats: a mechanistic model linking wing damage to mortality. *Biology Letters*, 9 (4), 20130177.

Wibbelt, G., Kurth, A., Hellmann, D., Weishaar, M., Barlow, A., Veith, M., & Cryan, P. M. (2010). White-nose syndrome fungus *(Geomyces destructans)* in bats, Europe. *Emerging Infectious Diseases*, 16 (8), 1237-1242.

Willis, C. K. R. (2015). Conservation physiology and conservation pathogens: white-nose syndrome and integrative biology for host-pathogen systems.

Integrative and Comparative Biology, 55 (4), 631-641.

박쥐의 '가치'와 풍력에너지

Boyles, J. G., Cryan, P. M., McCracken, G. F., & Kunz, T. H. (2011). Economic importance of bats in agriculture. *Science*, 332, 41-42.

Cryan, P. M., Gorresen, P. M., Hein, C. D., Schirmacher, M. R., Diehl, R. H., Huso, M. M., Hayman, D. T., Fricker, P. D., Bonaccorso, F. J., Johnson, D. H., & Heist, K. (2014). Behavior of bats at wind turbines. *Proceedings of the National Academy of Sciences*, 111 (42), 15126-15131.

Jameson, J. W., & Willis, C. K. R. (2014). Activity of tree bats at anthropogenic tall structures: implications for mortality of bats at wind turbines. *Animal Behaviour*, 97, 145-152.

Kunz, T. H., Braun de Torrez, E., Bauer, D., Lobova, T., & Fleming, T. H. (2011). Ecosystem services provided by bats. *Annals of the New York Academy of Sciences*, 1223 (1), 1-38.

Rydell, J., Bach, L., Dubourg-Savage, M.-J., Green, M., Rodrigues, L., Hedenström, A. (2010). Bat mortality at wind turbines in northwestern Europe. *Acta Chiropterologica*, 12 (2), 261-274.

양서류의 떼죽음

Voyles, J., Young, S., Berger, L., Campbell, C., Voyles, W. F., Dinudom, A., Cook, D., Webb, R., Alford, R. A., Skerratt, L. F., & Speare, R. (2009). Pathogenesis of chytridiomycosis, a cause of catastrophic amphibian declines. *Science*, 326 (5952), 582-585.

곰에 관한 이야기

Evans, A. L., Singh, N. J., Friebe, A., Arnemo, J. M., Laske, T. G., Fröbert, O., Swenson, J. E. & Blanc, S. (2016). Drivers of hibernation in the brown bear. *Frontiers in Zoology*, 13 (1), 7.

Miller, W., Schuster, S. C., Welch, A. J., Ratan, A., Bedoya-Reina, O. C., Zhao, F., Kim, H. L., Burhans, R. C., et al. (2012). Polar and brown bear genomes reveal ancient admixture and demographic footprints of past climate change. *Proceedings of the National Academy of Sciences*, 109 (36), E2382-E2390.

Miller, S., Wilder, J., & Wilson, R. R. (2015). Polar bear—grizzly bear interactions during the autumn open-water period in Alaska. *Journal of Mammalogy*, 96 (6), 1317-1325.

Tøien, Ø., Blake, J., Edgar, D. M., Grahn, D. A., Heller, H. C., & Barnes, B. M. (2011). Hibernation in black bears: independence of metabolic suppression from body temperature. *Science*, 331 (6019), 906-909.

Whiteman, J. P., Harlow, H. J., Durner, G. M., Anderson-Sprecher, R., Albeke, S. E., Regehr, E. V., Amstrup, S. C., & Ben-David, M. (2015). Summer declines in activity and body temperature offer polar bears limited energy savings. *Science*, 349 (6245), 295-298.

오스트레일리아(3, 7장)

편의에 따른 겨울잠

Turner, J. M., Warnecke, L., Körtner, G., & Geiser, F. (2012). Opportunistic hibernation by a free-ranging marsupial. *Journal of Zoology*, 286, 277-284.

Turner, J. M., Körtner, G., Warnecke, L., & Geiser, F. (2012). Summer and winter torpor use by a free-ranging marsupial. *Comparative Biochemistry and Physiology A*, 162, 274-280.

Turner, J. M., & Geiser, F. (2017). The influence of natural photoperiod on seasonal torpor expression of two opportunistic marsupial hibernators.

Journal of Comparative Physiology B, 187, 375-383.

유대류와 포유류

Bininda-Emonds, O. R. P., Cardillo, M., Jones, K. E., MacPhee, R. D. E., Beck, R. M. D, Grenyer, R., Price, S. A., Vos, R. A., Gittleman, J. L., & Purvis, A. (2007). The delayed rise of present-day mammals. *Nature*, 446, 507-512.

Geiser, F., & Körtner, G. (2010). Hibernation and daily torpor in Australian mammals. *Australian Zoologist*, 35 (2), 204-215.

Menkhorst, P. W., & Knight, F. (2001). A field guide to the mammals of Australia. Oxford University Press, Melbourne.

Woinarski, J. C. Z., Burbidge, A. A., & Harrison, P. L. (2015). Ongoing unraveling of a continental fauna: Decline and extinction of Australian mammals since European settlement. *Proceedings of the National Academy of Sciences*, 112 (15), 4531-4540.

철새: 토르퍼와 방향감각

Hiebert, S. M. (1993). Seasonality of daily torpor in a migratory hummingbird. *Life in the cold: ecological, physiological and molecular mechanisms*. Westview Press, Boulder, USA, 25-32.

McGuire, L. P., Jonasson, K. A., & Guglielmo, C. G. (2014). Bats on a budget: torpor-assisted migration saves time and energy. *PLoS ONE*, 9 (12), e115724.

Wiltschko, W., & Wiltschko, R. (2005). Magnetic orientation and magnetoreception in birds and other animals. *Journal of Comparative Physiology A*, 191 (8), 675-693.

조류의 토르퍼

Körtner, G., Brigham, R. M., & Geiser, F. (2001). Torpor in free-ranging tawny frogmouths *(Podargus strigoides)*. *Physiological and Biochemical Zoology*,

74 (6), 789-797.

Schleucher, E. (2004). Torpor in birds: Taxonomy, energetics, and ecology. *Physiological and Biochemical Zoology*, 77 (6), 942-949.

Woods, C. P., & Brigham, R. M. (2004). The avian enigma: "hibernation" by common poorwills *(Phalaenoptilus nuttallii)*. *Life in the cold: evolution, mechanisms, adaptation, and application*. University of Alaska, Fairbanks, USA, 129-138.

뱀

Birrell, G. W., Earl, S., Masci, P. P., de Jersey, J., Wallis, T. P., Gorman, J. J., & Lavin, M. F. (2006). Molecular diversity in venom from the Australian Brown Snake, *Pseudonaja textilis*. *Molecular & Cellular Proteomics*, 5 (2), 379-389.

Welton, R. E., Williams, D. J., & Liew, D. (2016). Injury trends from envenoming in Australia, 2000-2013. *Internal medicine journal*, doi: 10.1111/imj.13297.

짧은코가시두더지

Clemente, C. J., Cooper, C. E., Withers, P. C., Freakley, C., Singh, S., & Terrill, P. (2016). The private life of echidnas: using accelerometry and GPS to examine field biomechanics and assess the ecological impact of a widespread, semi-fossorial monotreme. *The Journal of Experimental Biology*, 219 (20), 3271-3283.

Morrow, G., & Nicol, S. C. (2009). Cool Sex? Hibernation and reproduction overlap in the echidna. *PLoS ONE*, 4 (6), e6070.

Nicol, C., & Andersen, N. A. (2002). The timing of hibernation in Tasmanian echidnas: why do they do it when they do? *Comparative Biochemistry and Physiology Part B*, 131, 603-611.

일광욕과 수동적으로 몸 덥히기

Bartholomew, G. A., & Rainy, M. (1971). Regulation of body temperature in the rock hyrax, *Heterohyrax brucei*. *Journal of Mammalogy*, 52 (1), 81-95.

Geiser, F., Goodship, N., & Pavey, C. R. (2002). Was basking important in the evolution of mammalian endothermy? *Naturwissenschaften*, 89, 412-414.

Lovegrove, B. G., Körtner, G., & Geiser, F. (1999). The energetic cost of arousal from torpor in the marsupial *Sminthopsis macroura*: benefits of summer ambient temperature cycles. *Journal of Comparative Physiology B*, 169 (1), 11-18.

Warnecke, L., Turner, J. M., & Geiser, F. (2008). Torpor and basking in a small arid zone marsupial. *Naturwissenschaften*, 95, 73-78.

Warnecke, L., & Geiser, F. (2009). Basking behaviour and torpor use in free-ranging *Planigale gilesi*. *Australian Journal of Zoology*, 57, 373-375.

Warnecke, L., & Geiser, F. (2010). The energetics of basking behaviour and torpor in a small marsupial exposed to simulated natural conditions. *Journal of Comparative Physiology B*, 180, 437-445.

겨울잠의 세계 기록

Geiser, F. (2007). Yearlong hibernation in a marsupial mammal. *Naturwissenschaften*, 94, 941-944.

Hoelzl, F., Bieber, C., Cornils, J., Gerritsmann, H., Stalder, G., Walzer, C., & Ruf, T. (2015). How to spend the summer? Free-living dormice *(Glis glis)* can hibernate for 11 months in non-reproductive years. *Journal of Comparative Physiology B*, 185 (8), 931-939.

야외 대 실험실

Geiser, F., Holloway, J. C., Körtner, G., Maddocks, T. A., Turbill, C., & Brigham, R. M. (2000). Do patterns of torpor differ between free-ranging and captive mammals and birds? In: G. Heldmaier & M. Klingenspor (Eds.), Life in the cold: 11th International Hibernation Symposium, 95-102. Springer Verlag, Berlin.

꼬마주머니쥐

Geiser, F., & Broome, L. S. (1993). The effect of temperature on the pattern of torpor in a marsupial hibernator. *Journal of Comparative Physiology B*, 163, 133-137.

Körtner, G., & Geiser, F. (1998). Ecology of hibernation in the marsupial mountain pygmy-possum *(Byrramys parvus)*. *Oecologia*, 113, 170-178.

차가운 심장

Currie, S. E., Körtner, G., & Geiser, F. (2014). Heart rate as a predictor of metabolic rate in heterothermic bats. *The Journal of Experimental Biology*, 217 (9), 1519-1524.

Geiser, F., Baudinette, R. V., & McMurchie, E. J. (1989). The effect of temperature on isolated perfused hearts of heterothermic marsupials. *Comparative Biochemistry and Physiology Part A*, 93 (2), 331-335.

Zosky, G. R., & Larcombe, A. N. (2003). The parasympathetic nervous system and its influence on heart rate in torpid western pygmy possums, *Cercartetus concinnus* (Marsupialia: Burramyidae). *Zoology*, 106 (2), 143-150.

다람쥐속과 땅다람쥐속

Edwards, P. D., & Boonstra, R. (2016). Coping with pregnancy after 9 months in the dark: Post-hibernation buffering of high maternal stress in arctic ground squirrels. *General and Comparative Endocrinology*, 232, 1-6.

Humphries, M., Kramer, D. L., & Thomas, D. W. (2003). The role of energy availability in mammalian hibernation: an experimental test in free-ranging

eastern chipmunks. *Physiological and Biochemical Zoology*, 76 (2), 180-186.
Thorington, R. W., Koprowski, J. L., Steele, M. A., & Whatton, J. F. (2012). Squirrels of the world. The Johns Hopkins University Press, Baltimore.

위기에 처한 오스트레일리아 환경

Burbidge, A. A., McKenzie, N. L., Brennan, K. E. C., Woinarski, J. C. Z., Dickman, C. R., Baynes, A., Gordon, G., Menkhorst, P. W. & Robinson, A. C. (2009). Conservation status and biogeography of Australia's terrestrial mammals. *Australian Journal of Zoology*, 56 (6), 411-422.

Good, M. K., Schultz, N. L., Tighe, M., Reid, N., & Briggs, S. V. (2013). Herbaceous vegetation response to grazing exclusion in patches and inter-patches in semi-arid pasture and woody encroachment. *Agriculture, Ecosystems & Environment*, 179, 125-132.

Hardman, B., Moro, D., & Calver, M. (2016). Direct evidence implicates feral cat predation as the primary cause of failure of a mammal reintroduction programme. *Ecological Management & Restoration*, 17 (2), 152-158.

Hilmer, S., Algar, D., Plath, M., & Schleucher, E. (2010). Relationship between daily body temperature and activity patterns of free-ranging feral cats in Australia. *Journal of Thermal Biology*, 35 (6), 270-274.

Jones, E., & Coman, B. J. (1981). Ecology of the feral cat, *felis catus* (L.), in south-eastern Australia I. Diet. *Australian Wildlife Research*, 8, 537-547.

Phillips, B. L., Brown, G. P., Webb, J. K., & Shine, R. (2006). Invasion and the evolution of speed in toads. *Nature*, 439 (7078), 803.

Price, J. N., Wong, N. K., & Morgan, J. W. (2010). Recovery of understorey vegetation after release from a long history of sheep grazing in a herb-rich woodland. *Austral Ecology*, 35 (5), 505-514.

Schleucher, E., Hilmer, S., Angus, G. J., Algar, D., & Warnecke, L. (2008). The effect of captivity on thermal energetics in native and invasive species:

Are physiological capacities a key factor in colonisation of new habitats in Australia? In: W. Rabitsch, F. Essl & F. Klingenstein (Eds.), Biological invasions—from ecology to conservation, Konferenzbeiträge, Universität Wien, 165-179.

Shine, R. (2010). The ecological impact of invasive cane toads *(Bufo marinus)* in Australia. *The Quarterly Review of Biology*, 85 (3), 253-291.

Short, J., & Smith, A. (1994). Mammal decline and recovery in Australia. *Journal of Mammalogy*, 75 (2), 288-297.

Woinarski, J. C. Z., Burbidge, A. A., & Harrison, P. L. (2015). Ongoing unraveling of a continental fauna: Decline and extinction of Australian mammals since European settlement. *Proceedings of the National Academy of Sciences*, 112 (15), 4531-4540.

IUCN—세계자연보호연맹

모든 동식물 종의 분포와 멸종위험도에 관한 정보 웹사이트: http://www.iucnredlist.org/.

오스트레일리아의 대량학살

Barta, T. (2008). Sorry, and not sorry, in Australia: how the apology to the stolen generations buried a history of genocide. *Journal of Genocide Research*, 10 (2), 201-214.

인간의 체온

Bailey, S. L., & Heitkemper, M. M. (2001). Circadian rhythmicity of cortisol and body temperature: morningness-eveningness effects. *Chronobiology International*, 18 (2), 249-261.

마다가스카르(4, 8장)

겨울잠을 자는 여우원숭이

Blanco, M. B., Dausmann, K. H., Ranaivoarisoa, J. F., & Yoder, A. D. (2013). Underground hibernation in a primate. *Scientific Reports*, 3, 1768.

Dausmann, K. H., Glos, J., Ganzhorn, J. U., & Heldmaier, G. (2004). Physiology: Hibernation in a tropical primate. *Nature*, 429 (6994), 825-826.

Dausmann, K. H., Glos, J., Ganzhorn, J. U., & Heldmaier, G. (2005). Hibernation in the tropics: lessons from a primate. *Journal of Comparative Physiology B*, 175 (3), 147-155.

Dausmann, K., Glos, J., & Heldmaier, G. (2009). Energetics of tropical hibernation. *Journal of Comparative Physiology B*, 179, 345-357.

Dausmann, K. H., & Glos, J. (2015). No energetic benefits from sociality in tropical hibernation. *Functional Ecology*, 29 (4), 498-505.

Kobbe, S., Ganzhorn, J. U., & Dausmann, K. H. (2011). Extreme individual flexibility of heterothermy in free-ranging Malagasy mouse lemurs *(Microcebus griseorufus)*. *Journal of Comparative Physiology B*, 181 (1), 165-173.

마다가스카르: 동물 세계, 진화와 종의 보호

Ali, J. R., & Huber, M. (2010). Mammalian biodiversity on Madagascar controlled by ocean currents. *Nature*, 463 (7281), 653-656.

Dausmann, K. H.; & Warnecke, L. (2016). Primate torpor expression: ghost of the climatic past. *Physiology*, 31 (6), 398-408.

Ganzhorn, J. U., Lowry, P. P., Schatz, G. E., & Sommer, S. (2001). The biodiversity of Madagascar: one of the world's hottest hotspots on its way out. *Oryx*, 35 (4), 346-348.

Lovegrove, B. G., Lobban, K. D., & Levesque, D. L. (2014). Mammal survival at the Cretaceous—Palaeogene boundary: metabolic homeostasis in prolonged tropical hibernation in tenrecs. *Proceedings of the Royal Society B: Biological Sciences*, 281 (1796), 20141304.

Myers, N., Mittermeier, R. A., Mittermeier, C. G., da Fonseca, G. A. B., & Kent, J. (2000). Biodiversity hotspots for conservation priorities. *Nature*, 403 (6772), 853-858.

Nopper, J., Lauströer, B., Rödel, M. O., & Ganzhorn, J. U. (2017). A structurally enriched agricultural landscape maintains high reptile diversity in sub-arid south-western Madagascar. *Journal of Applied Ecology*, 54 (2), 480-488.

Nowack, J., & Dausmann, K. H. (2015). Can heterothermy facilitate the colonization of new habitats? *Mammal Review*, 45 (2), 117-127.

Rasolooarison, R. M., Goodman, S. M., & Ganzhorn, J. U. (2000). Taxonomic revision of mouse lemurs *(Microcebus)* in the western portions of Madagascar. *International Journal of Primatology*, 21 (6), 963-1019.

Wilmé, L., Goodman, S. M., & Ganzhorn, J. U. (2006). Biogeographic evolution of Madagascar's microendemic biota. *Science*, 312 (5776), 1063-1065.

건기의 동물들

Cooper, C. E., McAllan, B. M., & Geiser, F. (2005). Effect of torpor on the water economy of an arid-zone marsupial, the stripe-faced dunnart *(Sminthopsis macroura)*. *Journal of Comparative Physiology B*, 175 (5), 323-328.

Degen, A. A. (1997). Ecophysiology of small desert mammals. Springer Verlag, Heidelberg.

Kronfeld-Schor, N., Shargal, E., Haim, A., Dayan, T., Zisapel, N., & Heldmaier, G. (2001). Temporal partitioning among diurnally and nocturnally active desert spiny mice: energy and water turnover costs. *Journal of Thermal Biology*, 26, 139-142.

Schmidt-Nielsen, K., & Schmidt-Nielsen, B. (1952). Water metabolism of desert mammals. *Physiological Reviews*, 32 (2), 135-166.

Withers, P. (1993). Cutaneous water acquisition by the thorny devil (*Moloch horridus*: Agamidae). *Journal of Herpetology*, 27 (3), 265-270.

기온이 높을 때의 토르퍼

Bondarenco, A., Körtner, G., & Geiser, F. (2013). Some like it cold: summer torpor by freetail bats in the Australian arid zone. *Journal of Comparative Physiology B*, 183 (8), 1113-1122.

Grimpo, K., Legler, K., Heldmaier, G., & Exner, C. (2013). That's hot: golden spiny mice display torpor even at high ambient temperatures. *Journal of Comparative Physiology B*, 183 (4), 567-581.

그 밖에 토르퍼를 이용하는 영장류

Nowack, J., Mzilikazi, N., & Dausmann, K. H. (2010). Torpor on demand: heterothermy in the non-lemur primate *Galago moholi*. *PLoS ONE*, 5 (5), e10797.

Ruf, T., Streicher, U., Stalder, G. L., Nadler, T., & Walzer, C. (2015). Hibernation in the pygmy slow loris *(Nycticebus pygmaeus)*: multiday torpor in primates is not restricted to Madagascar. *Scientific Reports*, 5, 17392.

의학적 이용, 저체온

Bernard, S. A., Gray, T. W., Buist, M. D., Jones, B. M., Silvester, W., Gutteridge, G., & Smith, K. (2002). Treatment of comatose survivors of out-of-hospital cardiac arrest with induced hypothermia. *New England Journal of Medicine*, 346 (8), 557-563.

Carey, H. V., Walters, W. A., & Knight, R. (2013). Seasonal restructuring of the ground squirrel gut microbiota over the annual hibernation cycle. *American Journal of Physiology—Regulatory, Integrative and Comparative Physiology*, 304 (1), R33-R42.

Drew, K. L., Buck, C. L., Barnes, B. M., Christian, S. L., Rasley, B. T., &

Harris, M. B. (2007). Central nervous system regulation of mammalian hibernation: implications for metabolic suppression and ischemia tolerance. *Journal of Neurochemistry*, 102 (6), 1713-1726.

Geiser, F., Currie, S. E., O'Shea, K. A., & Hiebert, S. M. (2014). Torpor and hypothermia: reversed hysteresis of metabolic rate and body temperature. *American Journal of Physiology—Regulatory, Integrative and Comparative Physiology*, 307 (11), R1324-R1329.

토르퍼를 이용하는 우주 비행사

Cerri, M., Tinganelli, W., Negrini, M., Helm, A., Scifoni, E., Tommasino, F., Siolo, M., Zoccoli, A. & Durante, M. (2016). Hibernation for space travel: Impact on radioprotection. *Life Sciences in Space Research*, 11, 1-9.

Cockett, T., & Beehler, C. C. (1962). Protective effects of hypothermia in exploration of space. *The Journal of the American Medical Association*, 182 (10), 977-979.

Griko, Y. V., Rask, J. C., & Raychev, R. (2017). Advantage of animal models with metabolic flexibility for space research beyond low earth orbit. NASA Technical Report Server. https://ntrs.nasa.gov/search.jsp?R=20170001400.

독일 국민의 사망 원인

Statistisches Bundesamt: https://www.destatis.de/DE/ZahlenFakten/GesellschaftStaat/Gesundheit/Todesursachen/Todesursachen.html.

일광욕

Donati, G., Ricci, E., Baldi, N., Morelli, V., & Borgognini-Tarli, S. M. (2011). Behavioral thermoregulation in a gregarious lemur, *Eulemur collaris*: Effects of climatic and dietary-related factors. *American Journal of Physical Anthropology*, 144 (3), 355-364.

Kelley, E. A., Jablonski, N. G., Chaplin, G., Sussman, R. W., & Kamilar, J. M. (2016). Behavioral thermoregulation in *Lemur catta*: The significance of sunning and huddling behaviors. *American Journal of Primatology*, 78 (7), 745-754.

수면

Blanco, M. B., Dausmann, K. H., Faherty, S. L., Klopfer, P., Krystal, A. D., Schopler, R., & Yoder, A. D. (2016). Hibernation in a primate: does sleep occur? *Royal Society Open Science*, 3 (8), 160282.

Cizza, G., Romagni, P., Lotsikas, A., Lam, G., Rosenthal, N. E., & Chrousos, G. P. (2005). Plasma leptin in men and women with seasonal affective disorder and in healthy matched controls. *Hormone and Metabolic Research*, 37 (01), 45-48.

Daan, S., Barnes, B. M., & Strijkstra, A. M. (1991). Warming up for sleep?—Ground squirrels sleep during arousals from hibernation. *Neuroscience letters*, 128 (2), 265-268.

Krystal, A. D., Schopler, B., Kobbe, S., Williams, C., Rakatondrainibe, H., Yoder, A. D., & Klopfer, P. (2013). The relationship of sleep with temperature and metabolic rate in a hibernating primate. *PloS One*, 8 (9), e69914.

Lesku, J. A., Rattenborg, N. C., Valcu, M., Vyssotski, A. L., Kuhn, S., Kuemmeth, F., Heidrich, W. & Kempenaers, B. (2012). Adaptive sleep loss in polygynous pectoral sandpipers. *Science*, 337 (6102), 1654-1658.

Palchykova, S., Deboer, T., & Tobler, I. (2002). Selective sleep deprivation after daily torpor in the Djungarian hamster. *Journal of Sleep Research*, 11 (4), 313-319.

Rattenborg, N. C., Mandt, B. H., Obermeyer, W. H., Winsauer, P. J., Huber, R., Wikelski, M., & Benca, R. M. (2004). Migratory sleeplessness in the white-crowned sparrow *(Zonotrichia leucophrys gambelii)*. *PLoS Biol*, 2 (7), e212.

Schmidt, M. H. (2014). The energy allocation function of sleep: a unifying theory of sleep, torpor, and continuous wakefulness. *Neuroscience & Biobehavioral Reviews*, 47, 122-153.

Siegel, J. M. (2008). Do all animals sleep? *Trends in Neurosciences*, 31 (4), 208-213.

토르퍼, 노화와 멸종

Geiser, F., & Turbill, C. (2009). Hibernation and daily torpor minimize mammalian extinctions. *Naturwissenschaften*, 96 (10), 1235-1240.

Günes, C., & Rudolph, K. L. (2013). The role of telomeres in stem cells and cancer. *Cell*, 152 (3), 390-393.

Hanna, E., & Cardillo, M. (2014). Clarifying the relationship between torpor and anthropogenic extinction risk in mammals. *Journal of Zoology*, 293 (3), 211-217.

Heidinger, B. J., Blount, J. D., Boner, W., Griffiths, K., Metcalfe, N. B., & Monaghan, P. (2012). Telomere length in early life predicts lifespan. *Proceedings of the National Academy of Sciences*, 109 (5), 1743-1748.

Monaghan, P. (2010). Telomeres and life histories: the long and the short of it. *Annals of the New York Academy of Sciences*, 1206 (1), 130-142.

Stawski, C., Körtner, G., Nowack, J., & Geiser, F. (2015). The importance of mammalian torpor for survival in a post-fire landscape. *Biology Letters*, 11 (6), 20150134.

Turbill, C., Ruf, T., Smith, S., & Bieber, C. (2013). Seasonal variation in telomere length of a hibernating rodent. *Biology Letters*, 9 (2), 20121095.

신체의 세포들

Bianconi, E., Piovesan, A., Facchin, F., Beraudi, A., Casadei, R., Frabetti, F., Vitale,

L., Pelleri, M. C., Tassani, S., Piva, F., & Canaider, S. (2013). An estimation of the number of cells in the human body. *Annals of Human Biology*, 40 (6), 463-471.

기후변화

Inouye, D. W., Barr, B., Armitage, K. B., & Inouye, B. D. (2000). Climate change is affecting altitudinal migrants and hibernating species. *Proceedings of the National Academy of Sciences*, 97 (4), 1630-1633.

Tebaldi, C., Hayhoe, K., Arblaster, J. M., & Meehl, G. A. (2006). Going to the extremes. *Climatic Change*, 79 (3), 185-211.

사진 출처

18, 57, 64, 80, 98, 138, 152, 163, 178, 197쪽: © James Turner

34, 66, 187, 190쪽: © Lisa Warnecke

94쪽: © Gerhard Körtner

106, 212, 221쪽: © Kathrin Dausmann

찾아보기

포유류

단공류

유대류

진수하강

조류

파충류, 양서류, 어류